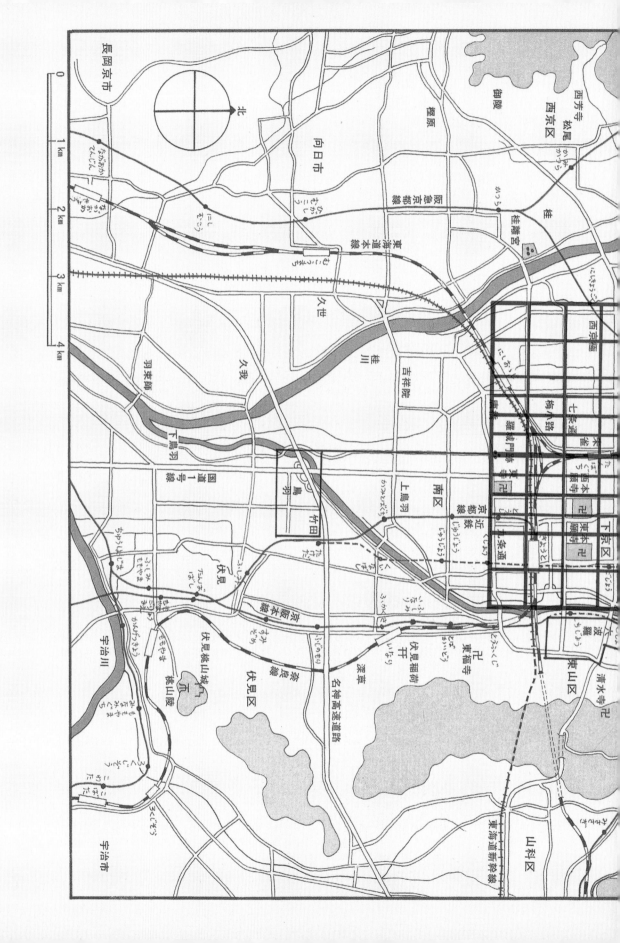

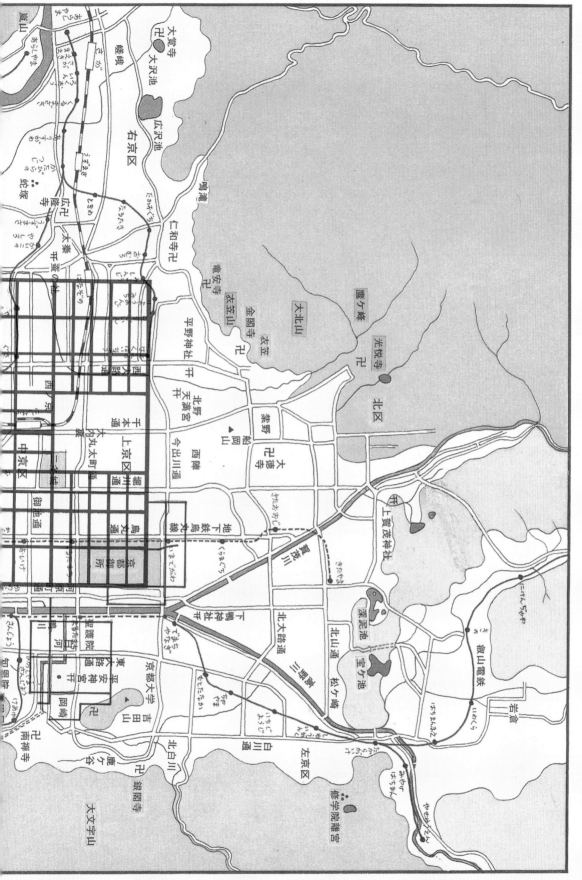

京都周辺地図

文景

Horizon

日本营造之美

京都

千二百年

（上）

从平安京到庶民之城

［日］西川幸治　高桥彻　著

［日］穗积和夫　绘

高嘉莲　黄怡筠　译

上海人民出版社

目 录

太古时期的京都盆地是一座湖泊

夏季闷热，冬季则寒冷彻骨。这就是以过去的平安京、现在的京都市区为中心的京都盆地的气候特色。据说，这是当地"湖底式地形"带来的影响。

距今约两百万年前，濑户内海东边的断层运动造成地层下陷，由此形成的太古湖泊即为京都盆地的前身。原本海水入侵会形成海湾，但因为周围山地带来泥沙及地盘隆起等因素使这里变成了湖泊，最后形成陆地。

有学者称这座湖泊为"旧山城湖"。京都市东南部的宇治川下游左岸，直到太平洋战争爆发前还是一片宽广的巨椋池，据说留下许多京都盆地曾是湖泊的痕迹。这个池塘因为排水开垦工程而消失，继而成为农田，现在还建了新的公寓住宅。

北区上贺茂的深泥池面积比巨椋池小些，现仍留有太古湖泊的样貌。这片池塘东西长 450 米、

南北宽 250 米，位于北侧环抱着盆地的北山与平地的交接之处。池塘有四分之一形成浮洲，以众多包括食虫植物在内的水生植物而闻名。

浮洲的低平处为睡菜群所覆盖，泥炭藓四处丛生。池塘中长着京都料理中不可或缺的莼菜、菱角等，池面还漂浮着满江红等植物。经由探钻调查，研究人员根据地底深处泥土层中的花粉判断出，早在一万多年前的远古时代，这里就已经开始生长喜好潮湿环境的植物。从地质学来看，自冰河时期末期的维尔姆冰期（约一万至六万年前）开始，这里就是湿地。

睡菜是生长在北半球亚寒带到寒带的湿地植物，日本只有本州岛中北部的山岳地带和北海道才看得到。不过在一万多年前，现今近畿所在地亦能得见，后来因为气候暖化而近乎灭绝，只能在深泥池残存至今。

京都盆地一带开始有人类出现，是在考古学所说的旧石器时代后期，仅能追溯到三万年前。从深泥池背后的罂粟山遗迹、盆地西侧大觉寺后山的菖蒲谷遗迹和西南方向日丘陵东麓的岸下遗

迹等包围盆地的群山及山麓，发现了刀形石器及头部削尖的锥形石器等文物，被认为是当时人类使用的工具。

冰河时期结束，到了气候暖化的绳纹时代，白川与贺茂川由山上流入盆地形成的三角洲人类居民就明显增多了。以京都大学农学院附近的北白川绳纹遗迹群为首，四处可见绳纹时代的知名遗迹。根据推测，这一时期的人类与之前旧石器时代的居民一样，以在水边捕鱼和到周围群山打猎、采摘果实为生。

进入接下来的弥生时代不久，稻作文化沿着淀川向上游扩展开来。在桂川与淀川合流之前的下游流域，有云宫遗迹、鸡冠井遗迹、森本遗迹等弥生时代前期的知名遗迹。其后，稻作文化从原来的盆地东侧扩展到北侧。这个时期的湖泊逐渐开始陆地化，盆地中央也发现了人类居住的痕迹，即今日位于京都御所西侧上京区的内膳町遗迹。

从伏见区的深草遗迹可以看出，弥生时代中叶出现了大型聚落，京都盆地开始被开发了。

京都盆地特有的"夏闷热冬严寒"气候，就源自这种湖底式地形风土。

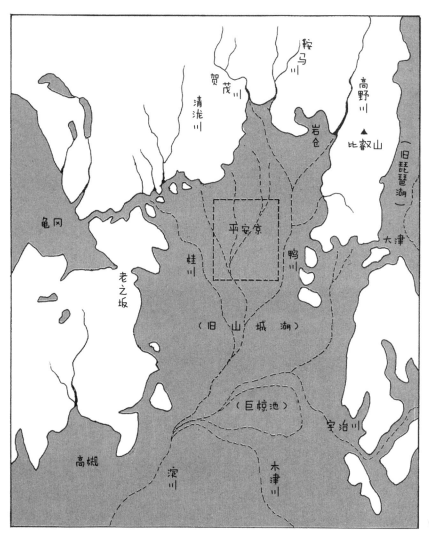

太古时期的京都盆地
（虚线代表后来形成的河流）

渡来人的开发

据《山城国风土记》记载，京都的贺茂社流传着一则传说。

从天上降临到日向（现在的宫崎县所在地）曽峰的贺茂建角身命，作为神武天皇进入大和，落脚于葛城山峰。不久后移居山代（山城）国冈田的贺茂（现在的相乐郡加茂町，冈田鸭神社所在处），随后下木津川，再沿着贺茂川（鸭川）往上，最后定居在久我（贺茂川上游的古称）国北侧山麓。

建角身命在当地娶了丹波国的神野之女为妻，生下两个孩子。某日，小女儿玉依日卖在濑见小河边戏水时，从上游漂来了一支朱漆箭。她拾起箭放在地上，顿时怀孕生下一个男孩。

小孩长大成人，在摆酒设宴庆祝时，祖父建角身命说："把这酒拿给你认为是父亲的人喝下。"这孩子于是举起酒杯向天祭酒，然后冲破屋顶升天而去。建角身命于是将孙儿命名为贺茂别雷命。奉祀别雷神的是上贺茂社（贺茂别雷神社），奉祀建角身命与玉依日卖的是下鸭社（贺茂御祖神社），这三位皆被视为司掌雷与水的农耕神。

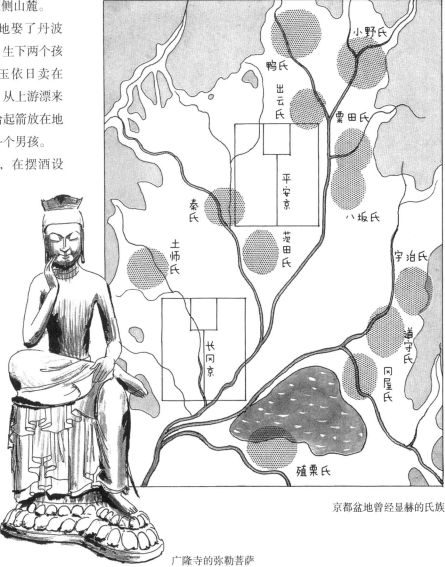

京都盆地曽经显赫的氏族

广隆寺的弥勒菩萨

蚕之社

贺茂的这则传说可能源自农耕在当时的显著发展。贺茂建角身命的迁移显示出贺茂氏从大和到南山城、伏见、北山的迁徙路线。20世纪80年代，在被视为大和贺茂氏根据地的葛城山东麓奈良县御所市鸭都波遗迹发现了弥生时代铺排着板桩的水路。这是一种以铁器将木材切割成板状，用以引水灌溉的水路。静冈市的登吕遗迹是弥生时代知名的水路，而鸭都波遗迹的水路则更为古老、精巧。拥有新农耕技术的葛城山一带的居民为了寻找新天地而移居京都盆地的历史，应该也反映在这则传说中。

据《日本书纪》记载，应神天皇前往近江国途中，在宇治一带吟唱了这首和歌："眺望千叶葛野，见百千足家院，亦见国之丰秀。"

意思是，极目眺望葛野（京都盆地）一带，就能看到众多房舍和富饶之国的景象。这应是应神天皇当政的古坟时代中期，歌颂此地繁荣景象的一首民谣。当时"渡来人"[1]运用大陆的新土木技术，积极开发京都盆地的西部到东南部一带，水田面积扩大，农业开始有了长足的发展。

来自大陆的秦氏一族首先定居在盆地西边的嵯峨野一带。位于桂川以西、松尾之里的松尾大社，是京都最古老的神社之一，而松尾山大杉谷的盘座（神祇坐镇之处）则以神灵之姿被视为秦氏的氏神。受到奉祀的大杉咋命是贺茂氏的祖先建角身命之父，相传"鸭氏（贺茂氏）[2]为秦氏之婿"，由此可见秦氏与贺茂氏之间曾存在着婚姻关系。

古坟时代中后期的 5、6 世纪，盆地西部似乎居住着一群势力雄厚的人，在当地留下被称为"天皇之杜"的皇家古坟以及蛇冢古坟等许多大型古坟。建于 6 世纪末的蛇冢古坟有巨石做成的横穴式石室，其雄伟可媲美奈良明日香村的石舞台古坟，据推测应该是这一带权倾一时的秦氏族长之坟。

秦氏是虔诚的佛教徒，曾建造广隆寺作为宗祠。广隆寺别名蜂冈寺或秦公寺，是 603 年（推古十一年）秦河胜为奉祀圣德太子赐予的弥勒菩萨所建——这尊佛像被奉为第一国宝，远近驰名。寺旁有座京都人称之为"蚕之社"的木岛神社，奉祀着养蚕、纺织之神等神明，据说也起源于秦氏等渡来人的率先奉祀。

位于盆地东侧深草区的伏见稻荷大社原名"稻成"，亦即祈求五谷丰饶的农耕之神，相传秦氏于 711 年（和铜四年）奉之为氏神。北方的东山法观寺，相传是八坂造等人于 589 年（崇峻二年）所建造。八坂造是来自高句丽的渡来人，原居南山城，后迁至盆地东侧，开拓八坂乡一带，建造了祇园社的前身八坂神社。

盆地东侧的法观寺与西侧的广隆寺各据一方，俨然成为渡来人技术开发京都盆地的具体象征。

纺织

---

1 渡来人：外来移民，特指 4—7 世纪来自中国大陆和朝鲜半岛的移民。——译注。本书注释如无特殊说明，皆为译注。
2 鸭氏（贺茂氏）：日语中"贺茂"与"鸭"同音，故有混用。——编者注

建设长冈京

随着渡来人的迁入以及与外国使节的相互往来，日本与亚洲大陆的交流日益频繁，吸收的先进文化技术为传统文化技术带来了极大的变革。例如，伊势神宫的掘立柱[1]与茅草屋顶这样的传统建筑手法，被佛教寺院架设础石的红色圆柱和瓦片屋顶等大陆建筑技术所取代。同时日本也开始以大陆的首都为范本规划井然有秩的都城。

694年（持统八年）的新都藤原京是日本第一个以大陆都城为范本建造的都城。虽然有人认为，早先兴建的难波宫和大津宫也是经过都市规划而建的，不过考古学尚未予以证实。

710年（和铜三年），政治中心由藤原京移转到平城京，日本也从飞鸟时代进入了奈良时代。这座被讴歌为"繁花锦簇满城香"而繁荣盛极一时的平城京，最终也经历了被迁都的命运。781年（天应元年）即位的桓武天皇为了执行政治改革，决定在山背（山城）国长冈村兴建新都，也就是长冈京。784年（延历三年）十一月，国家的中心迁移到了京都盆地的西南部。

长冈京长久以来都被视为"临时京城"，甚

---

1 掘立柱：将柱子直接打入地基的立柱法。

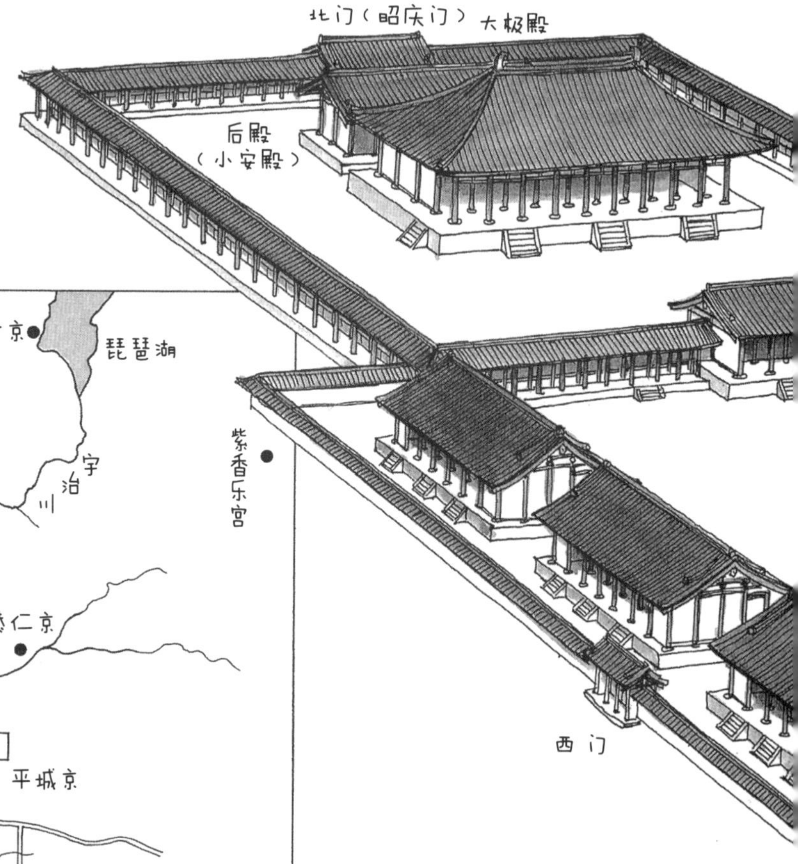

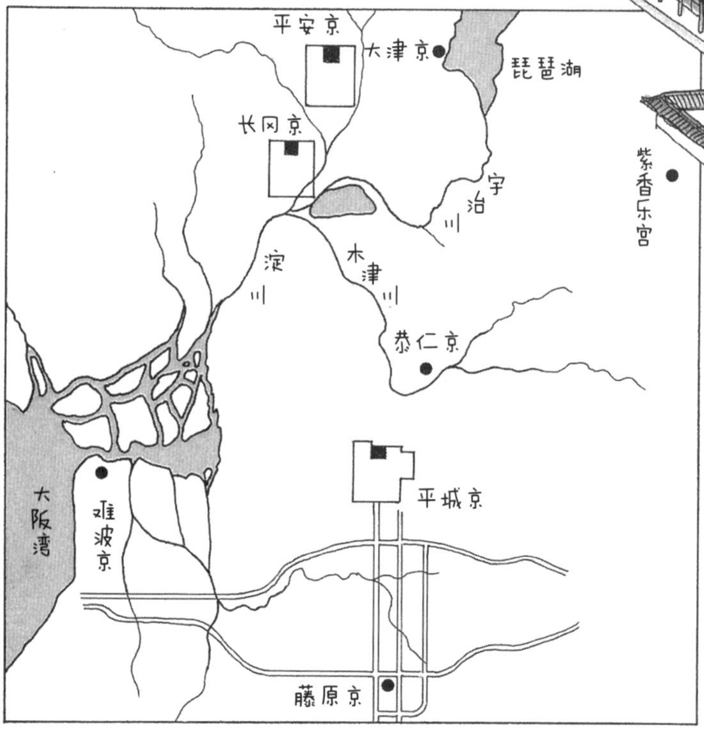

至有人怀疑它的存在。经由当地研究学者中山修一等人的努力，宫城的中心朝堂院南门（会昌门）遗迹在 1955 年出土，这才出现了解除疑问的契机。后续的调查工作现在仍持续进行中，挖掘业已超过一千次，结果发现当时不仅有宫殿、官署等建筑，还修建了规划性道路。除此之外，像是各地运来的物产上所系的木简货品标签等文物，也陆续出土。长冈京建都虽然不到十年，但在此期间确实一直是国家的政治中心。

长冈京的宫殿中心位于现阪急京都线西向日站北侧不远处，东西约 4 千米，南北约 6 千米，横跨今日的向日市、长冈京市、大山崎町以及京都市伏见区。长冈京与平城京一样，宫殿都设在京城北侧。

挖掘调查发现的都市规划道路、宫殿、官署的房舍配置，以及陶器、瓦片的烧制技术，与平城京时代的文物有明显的不同。

794 年（延历十三年），桓武天皇兴建平安京，废长冈京，原因不明。从建都长达 70 年的平城京迁都长冈京后，社会并不安泰，加之发生了主导迁都的藤原种继暗杀事件，对怨灵的恐惧也促成了日后迁都平安京。

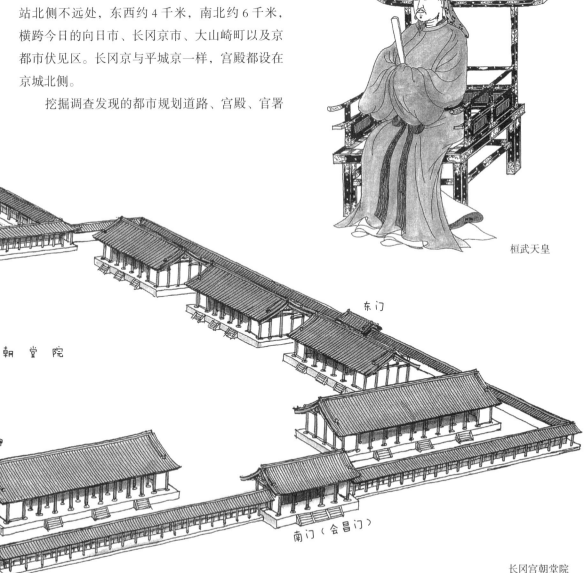

桓武天皇

朝堂院

东门

南门（会昌门）

长冈宫朝堂院

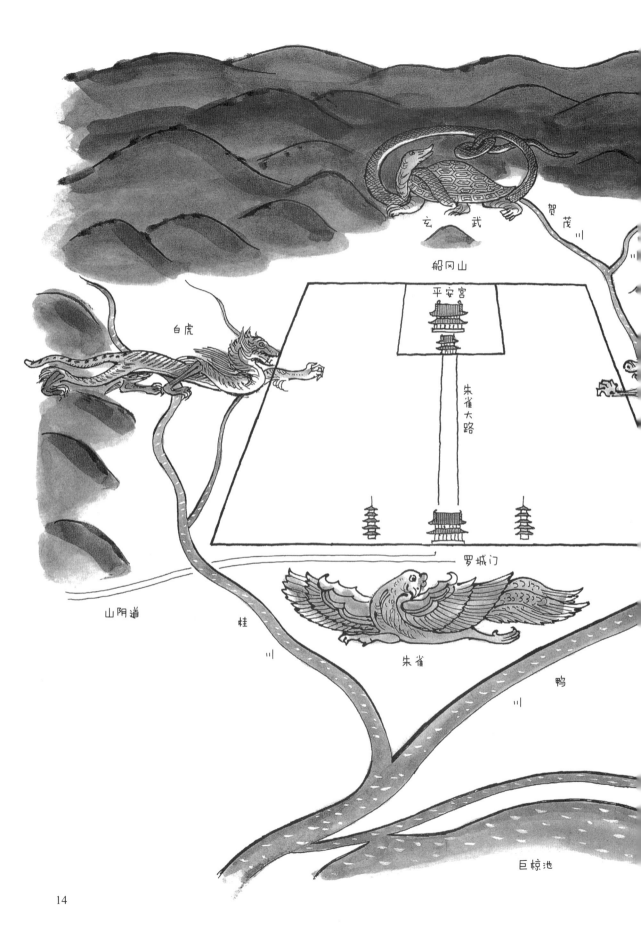

玄武
贺茂川
船冈山
平安宫
白虎
朱雀大路
罗城门
山阴道
桂川
朱雀
鸭川
巨椋池

14

平安京的营建

794 年（延历十三年）十月二十二日，桓武天皇带领贵族公卿从长冈京迁移到东北方葛野（即京都盆地中央）的新都。接着在十一月下诏，改"山背国"为"山城国"，将新都命名为"平安京"。

桓武天皇舍弃历时仅十年的长冈京，迁都至平安京，此后便不再建新都，使这里成为"千年之都"。

平安京建于东边的鸭川与西边的桂川之间的平原地带。鸭川发源于京都盆地的北山，向南与高野川交会前的河段称为贺茂川，另外有一条几乎由北向南纵贯京城中央的小河称为堀川。以前学界一直认为，贺茂川原本流经堀川的河道为了确保建都用地而遭到改道，成为现在的东南向。不过根据最近调查发现，贺茂川改道之说有其可疑之处。

京都兴建南北纵贯的地铁时，在乌丸通[1]的乌丸中学前地下 5 米处钻到了坚硬的岩层，这里正好是平安京的北边一带。地质学家调查发现，这是从西北朝东南方贯穿京都盆地的脊梁状岩层的一部分，若是贺茂川流经堀川河道，必须穿越这个岩层。因此，贺茂川改道之说才会受到质疑。

和藤原京、平城京一样，平安京的中轴线也是朱雀大路，即今日的千本通所在地，南边是梅小路电车调度场及京都市中央批发市场。这条朱雀大路向北延伸，会碰到标高约 100 米的船冈山。京都盆地标高约 70—80 米，所以这座丘陵虽然绝称不上高峻，但却怡然独立，从山顶向南看，市区景致尽收眼底。看来以这座山为基准辟建朱雀大路的说法应当没错，还有说法认为由吉田山往西延伸的一条通是当时东西向的标准。

据说平安京是选在"四神相应之地"兴建的，这是源自重视风水的中国传统思想。所谓"四神"，指四方的守护神，即东青龙、西白虎、南朱雀、北玄武。四神相应之地，就是指东有河、西有道、南有湖、北有山的地形。以平安京的地形来说，东有鸭川，西有山阴道，南有巨椋池，北有船冈山，可以说是一块福地。

1　乌丸通：通，指道路，日本的街道多命名为"某某通"。——编者注

以条坊制为基础的都市规划

平安京仿照中国以都城制为都市规划的基础，将皇城平安宫设置在北方。然后从平安宫南方中央建造一条70米宽的南北向道路，称为朱雀大路。再以此为京城的中轴线，建设纵横交错的棋盘状道路。都城以朱雀大路为界，东侧为左京，西侧为右京。南北向的大路由东起依序为东京极（四坊大路）、东洞院（三坊大路）、西洞院（二坊大路）、大宫（一坊大路）、壬生、朱雀、皇嘉门、西大宫（一坊大路）、道祖（二坊大路）、木辻（三坊大路）、西京极（四坊大路），共计十一条。东西向的大路从一条到九条，加上为了避开平安宫而不与朱雀、壬生、皇嘉门等大路交会的土御门、近卫、中御门、大炊御门等四条大路，共计十三条。

尽管今日的京都仍留有平安京时期的街貌，却不表示这些街道依然全部留存。长达千年的历史代表这座城市曾经历过大火、战乱等巨大变动，不过

从路名和地名中仍可一窥平安京时期的城市风貌。

20世纪70年代，经由挖掘调查确认了地下残留的平安京时期的街道架构。比如，决定建山阴线高架铁路后，从1972年开始挖掘曾是朱雀大路的千本通地段，挖掘路径从三条通到梅小路电车调度场长约3千米。可

西市

西寺

（西京极大路）四坊大路

（三坊大路）木辻大路

（二坊大路）道祖大路

（一坊大路）西大宫大路

皇嘉门大路

朱雀大路

壬生大路

惜挖掘过程中并未发现排水沟或筑地塀[1]等众所期待的遗迹，说明这部分遗迹已被破坏殆尽。

后来，京都市中央批发市场增改建方案动工前的调查，才终于在 1975 年发现了朱雀大路东侧

的排水沟遗迹。1984 年，朱雀大路与七条坊门小路交叉路口的遗迹也出土了。大路的排水沟以木条为挡土栏，宽 2.5 米，深约 30 厘米，宽度在十字路口处约缩为 1 米左右。五十根直径约 10 厘米

1　筑地塀：木骨夯土墙，一般带有砌瓦屋顶。——编者注

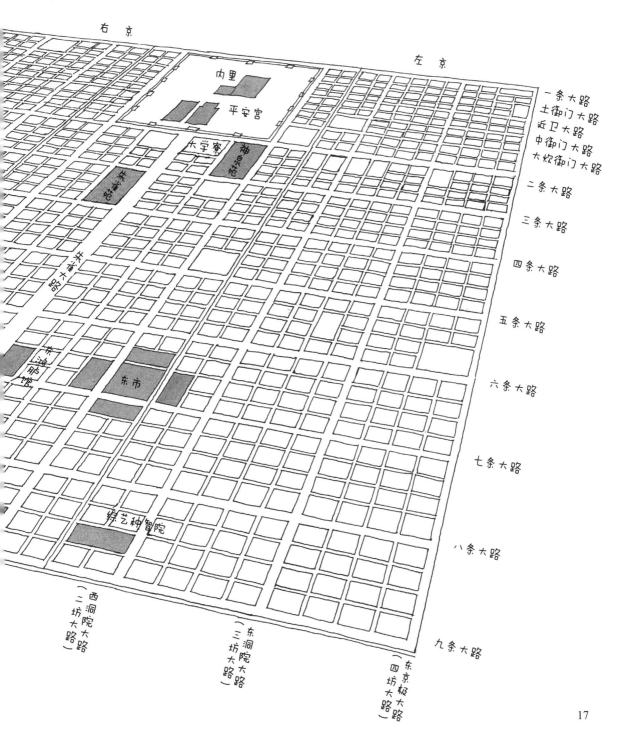

右京　左京

内里
平安宫
大学寮
　　　　　神泉苑
朱雀院

东海道
东市

绫艺种智院

一条大路
土御门大路
近卫大路
中御门大路
大炊御门大路
二条大路
三条大路
四条大路
五条大路
六条大路
七条大路
八条大路
九条大路

朱雀大路

西洞院大路（二坊大路）
东洞院大路（三坊大路）
东京极大路（四坊大路）

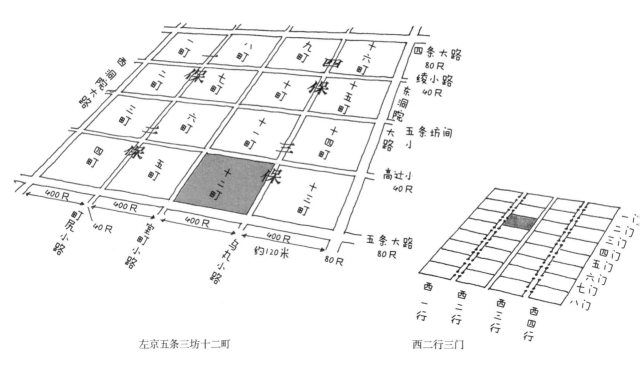

左京五条三坊十二町　　　　　　　　　　西二行三门

的木桩分三列打入地底，每列长约7米，与学者推测的七条坊门小路宽度一致。木桩上铺着板子，可见当时将路口的水沟做成了暗渠。这次调查也证实了当时朱雀大路的路面铺嵌着小石子。

　　1974年动工的地铁工程前进行的调查，在乌丸通挖掘了一条贯通南北的勘探沟，从而了解到平安京以及其后的街道面貌。最有意思的发现是，查明了五条通以南的平安京街道到室町时代为止几乎都没有变动过。此外，经由围绕改建、增建等再开发方案的调查，在京都各处展开了小面积的挖掘工作，使平安京时期的古代街道面貌渐渐呈现。

　　平安京的设计以条坊制为基础。以大路区隔东西南北四区，称为"坊"。再将坊以东西向、南北向各三条道路区隔成十六个小区块，称为"町"。四町称为一"保"，而四保为一"坊"。因此，任何地点都能靠这个系统清楚标记，例如"左京五条三坊十二町"。而构成这个棋盘状城市的条坊制，源自中国古代的都城结构。

　　住宅用地的分配也以条坊制为基础。三位[1]以上的贵族拥有四十丈（约120米）见方的一町，四、五位的贵族为二分之一町，六位以下则为四分之一町。平民实行"四行八门制"，将一町分为东西四等份，称作"四行"，一行分为南北八等份，称为"八门"，亦即将一町分为三十二等份，每等份的拥有者称为"户主"，这就是平民的居住单位。标记地址时就写成这样的格式："左京五条三坊十二町西二行三门"。

　　平安京南北向的朱雀大路属于特殊道路，东西向的二条大路也是如此，宽约51米，从平安宫南面向东西两边延伸。二条大路北边有高级贵族的府邸与官署。南边是一般贵族与官吏、平民的住宅。其实迁都后进行都市规划的平安京，房舍本就未遍布全京城，从828年（天长五年）记录下的"京内共五百八十余町"状况看来，住宅区大概只占平安京都市规划的一半面积。

1　位：日本古代官位制，从正一位到少初位下共三十级。——编者注

平安宫

平安宫是平安京的中心，亦称为大内里，被四条道路环绕，南有二条大路，北有一条大路，东有大宫大路，西有西大宫大路。宫城周围有筑地塀，南侧与北侧各开三门，东侧与西侧各开四门。皇宫的正门是位于正南方的朱雀门。朱雀大路由这里通往京城南端的罗城门。

进入朱雀门，稍往北走就是应天门。站在应天门朝北眺望，可看到会昌门和里面雄伟的大极殿。殿前罗列着十二个厅堂，左右各六，相互对称。北侧的正殿大极殿与其前方的十二朝堂被称为朝堂院，天皇即位或谒见外国使节等重要活动皆在此举行，可说是平安宫的中心。

1994年6月经调查发现，大极殿的遗迹位于现在南北向的千本通与东西向的丸太町通交叉口附近。此交叉口的西北方有一座儿童公园，园中耸立的石碑上刻着"大极殿遗址"。原本位于此地的大极殿，于1177年（安元三年）付之一炬，此后再未重建。

朝堂院的西边是丰乐院，位于中央的大广场北侧，正殿名为丰乐殿。广场东西两侧皆有殿舍，以回廊相接。这里是天皇设宴之处，大尝祭[1]、节庆、射礼、赛马、相扑等活动皆在此举行。丰乐院与朝堂院同为平安宫最重要的厅院，举目皆是豪华的建筑。1987年年末，丰乐殿遗迹出土，它以源自中国的版筑工法将泥土一层层捣实做成高高的基座，再用切齐的凝灰岩修饰周围。从插过柱子的洞可以判断主屋东西宽七间[2]、南北长两间，四周有厢房围绕。另外，遗址中还发现以绿色釉药烧制的凤凰形绿釉瓦飞檐。由此可见，这是一座东西45米，南北16米，有绿色屋顶的雄伟建筑。这也是借由考古挖掘发现的首例平安宫中心建筑结构。

---

1 大尝祭：天皇即位后的重要神道教祭祀，一位天皇只会经历一次，于即位当年十一月举行，旨在祈求"五谷丰登，国泰民安"。
2 间：此处指建筑中两根柱子之间的距离，大极殿的柱间距约为4.5米。

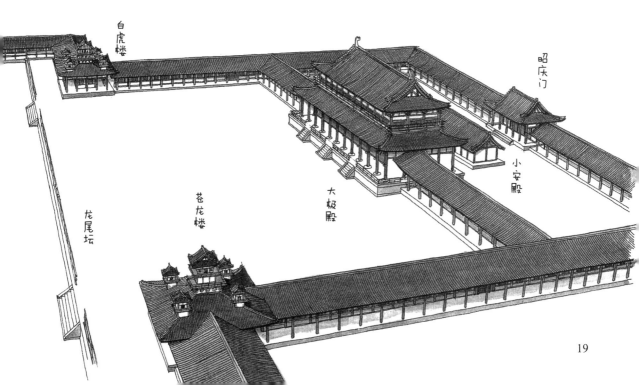

平安宫主要建筑物的所在地，现今已经是大楼与商家聚集的市区，不过从位于左京区冈崎的平安神宫可以看到从前的影子。平安神宫是为了纪念平安京建都1100年以朝堂院为模型所建，但其中省略了朝堂的行列，建筑规模约缩小为八分之五。不过大极殿与前面左右分列的苍龙楼与白虎楼，还有设在正面的应天门等，都呈现出平安宫的形貌。

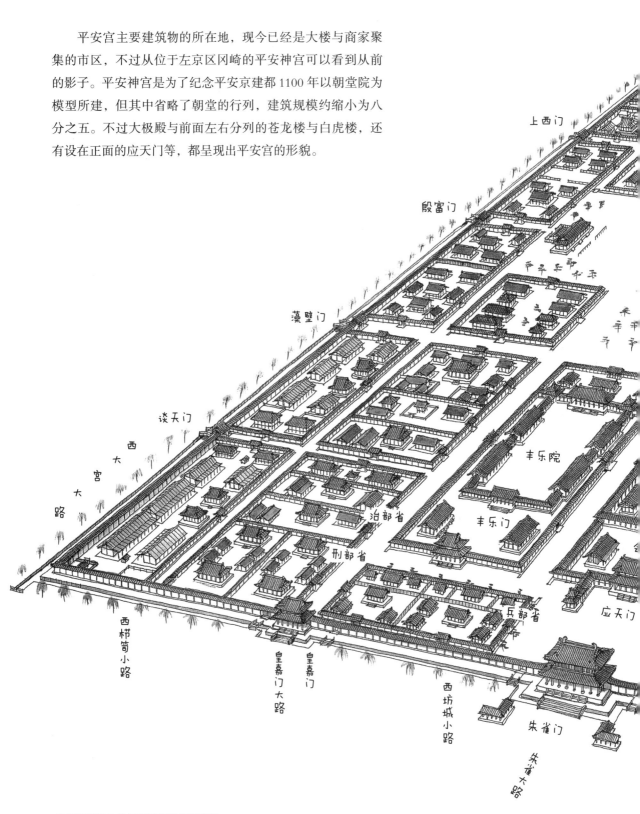

参考梶川敏夫的复原图绘制的平安宫

20

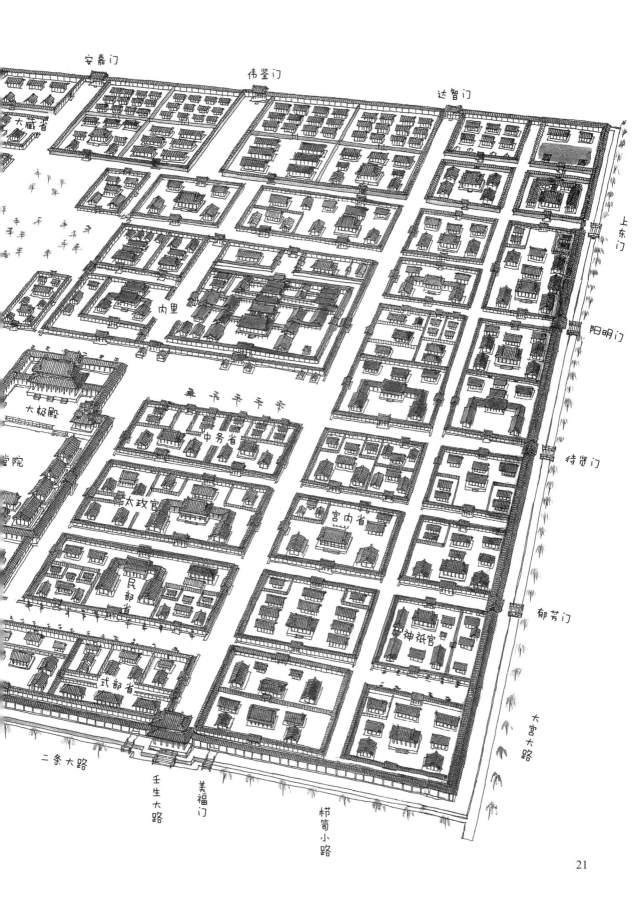

安嘉门　　　　　　　　　伟鉴门　　　　　　　　　　达智门

大藏省

上东门

内里

阳明门

大极殿

中务省

待贤门

太政官

宫内省

堂院

民部省

郁芳门

神祇官

式部省

大宫大路

二条大路

壬生大路

美福门

栉笥小路

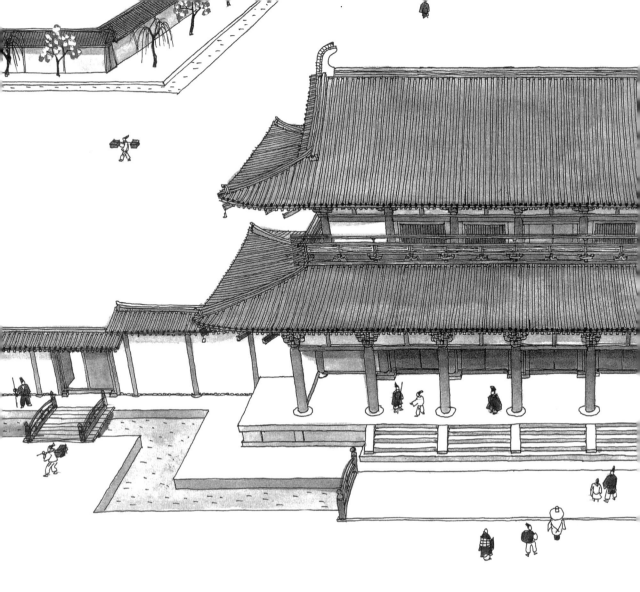

罗城门——平安京的正门

朱雀大路与平安京南端的九条大路交叉处是罗城门，其左右分拥东寺与西寺两座寺院建筑。从该处继续往南，有一条被称作"鸟羽新道"的道路。这条路是在建设京城时新开辟的道路，直通南边的鸟羽港。鸟羽港是平安京这座内陆都市的外港，十分繁荣，平安京所需物资都在此卸货。此外，从唐代中国和渤海国等地来访的外国使节和来自日本各地的旅客也在鸟羽港登陆，再沿着这条新路北上平安京。旅客一接近平安京，首先映入眼帘的就是坐落在城南的罗城门。时至今日，在京都东寺西边约 500 米处的儿童广场还留有写着"罗城门遗址"的石柱，但罗城门的正确位置尚未能确认。

罗城门宽七间、长两间，是一座有五扇门的"重檐母屋造"楼门，白墙红

兜跋毗沙门天神像

色呢？据历史记载，9世纪中叶的贞观（日本年号）年间，为了重建遭火灾焚毁的应天门，人们曾经对罗城门的意义议论纷纷。当时大学头[3]的文章博士[4]巨势朝臣文雄予以含糊的回答："周代的国门、唐代长安的明德门、洛阳的定鼎门都称作罗城门，但其意义却不甚清楚。""罗城"在中国是指城墙外另修的环墙，但是作为城墙正门的罗城门，其意义与功能却一直未能厘清。这大概是因为日本古代的都城并没有环绕城墙的"罗城"这种东西存在吧。

平安京的棋盘式街道没有区隔京城内外的城墙，街道直接延伸到京城外，只有"二条末""七条末"[5]这样的说法而已。过去天皇南巡到鸟羽、石清水、春日等地时，都是从宫城沿朱雀大路南下，出罗城门走鸟羽新道。据推测，当时罗城门所在的京城南端可能有一堵区隔城内外的高墙。

中国在城市外围兴建罗城是为了防御外敌来袭，同时也设置了可控制出入的城门，以开合来掌控攻守节奏，这就是罗城门。但是在日本，设在南边的城墙及罗城门都不具备防御都城的功能，而是扮演着类似凯旋门的角色，用来迎送外国宾客和前往东北平定虾夷地[6]的征夷大将军。

柱支撑着"本瓦葺"[1]屋顶，屋脊两端安置着绿釉"鸱尾"[2]。这就是平安京的正门。如今东寺金堂安祀的1.89米高的兜跋毗沙门天神像，据说过去就安置在罗城门城楼，监守往来的群众。

当时的罗城门在人们心中扮演着什么样的角

1　本瓦葺：筒瓦与板瓦交错铺迭的屋顶。
2　鸱尾：古代宫殿屋脊两端的瓦制吻兽装饰，又名"鸱吻"。
3　大学头：相当于律令制度下的国子监。
4　文章博士：在当时的大学教授诗文、历史的老师。
5　末：有路底、路尾之意。
6　虾夷地：日本古时对北海道、库页岛和千岛群岛的总称。

东寺与西寺——镇护国家的寺庙

在罗城门北侧、朱雀大路的左右两侧面朝九条大路方向，建有东寺与西寺。

东寺在平安京中占地"二町四方"，至今依然可窥其风貌。从南到北依次是南大门、金堂、讲堂、食堂等寺院建筑，是少数今日依然可一窥平安初期寺庙建筑风貌的建筑群。位于东南隅的五重塔也依然耸立在原来的位置。这座五重塔完成于元庆年间（877—885），是迁都平安京后约八十年的事。

东寺初建成时，南大门与金堂之间还有一座中门，与金堂以回廊连接，围成一个长方形的庭院。

讲堂的北、东、西三面各有整排的屋舍，是供僧侣居住的僧房。这种僧房围绕在讲堂三边的建筑形式称作"三面僧房"。每间僧房都由回廊与讲堂相接，与平城京东大寺及元

---

1 相轮：佛塔顶端的圆锥体装饰物，由宝珠、龙舍、水烟、宝轮、请花、伏钵、露盘等由上而下依序组成。

兴寺的手法相当类似。

在室町时代，1486 年（文明十八年）的"土一揆"农民起义中，大半建筑物遭祝融烧毁。东寺也一直到近世初期才重建成今日的面貌。

讲堂于 1491 年（延德三年）重建，金堂在丰臣秀赖的捐赠下，于 1603 年（庆长八年）以桃山时代的建筑技法，依照原来的平面大小重建。五重塔则在进入江户时代后的 1644 年（正保元年）重建，从地面到相轮[1]

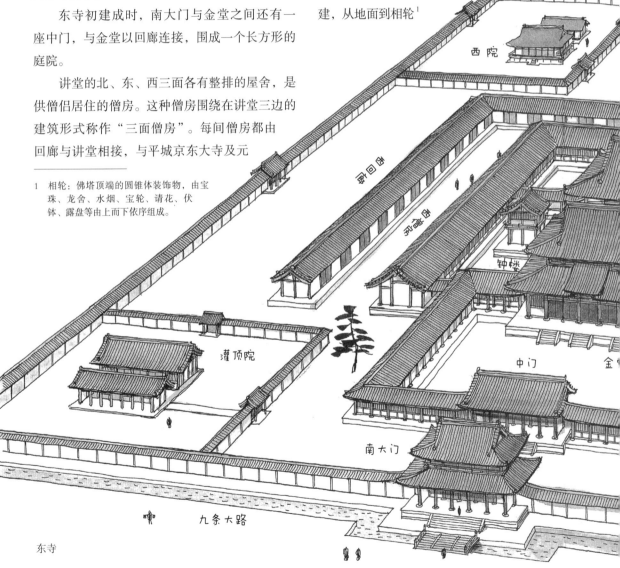

东寺

高达 55 米，是现存五重塔中规模最大的一座。

　　尽管所有的建筑物都是后代重建的，但是重建时都以复原当年的伽蓝寺院为目标，因此依然可略窥平安时代初期的东寺面貌。

　　另一方面，西寺的雄伟原本不逊于东寺，但是在平安时代中叶的 990 年（正历元年）惨遭祝融肆虐，残存的五重塔也在镰仓时代（天福元年，1233）付之一炬，此后未再重建，终为人所遗忘。1959 年以后，在今天的西寺儿童公园与唐桥小学

境内进行多次挖掘调查，才发现此处曾有一座建筑配置几乎与东寺相同的寺庙存在，进而依据东寺与西寺的中轴线确认了朱雀大路的位置。

　　东寺与西寺的营造是平安京都市规划的一部分，是国家级的官寺。其兴建目的是为了镇护国家，希望借由佛法保护国家安全，消弭灾难。刚迁都到平安京时，国家严禁个人在京城内兴建寺庙，而东寺与西寺是少数获准建成的。

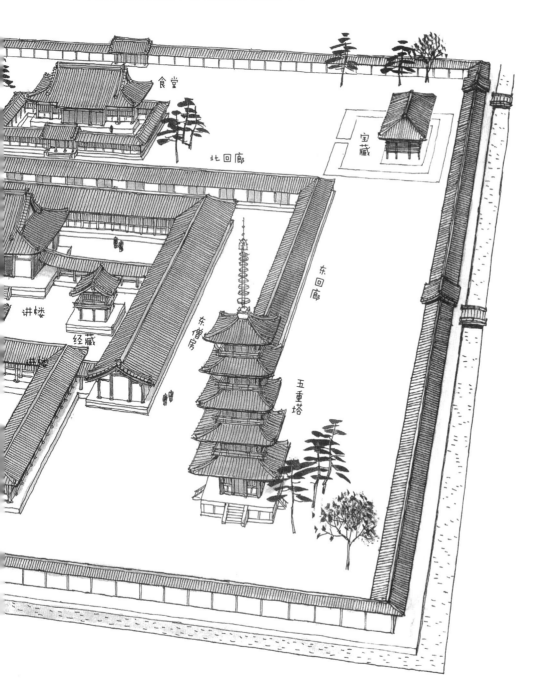

东市与西市——交易与交流的场所

　　七条附近有两处供应京城百姓生活所需、贩卖食品与日用杂货的市场，设在朱雀大路两侧相对称的位置，分别称作"东市"与"西市"。

　　东市原本位于今日西本愿寺一带，从条坊区划来看，南靠七条大路，北靠七条坊门小路，东靠崛川小路，西靠大宫大路，是面积达四个町的方形街区。西市则位于今日西七条的街区。

　　1977年，在西大路七条的十字路口拆除京都市营的电车铁轨时，发现了从"和铜开珍"到"乾元大宝"的两百多枚"皇朝十二钱"[1]。另外还找到了建筑物及水井等遗迹，井底还有布片、草鞋，以及鲍鱼和海螺的贝壳出土。由这些遗迹可

1　皇朝十二钱：708—963年日本铸造的十二种铜钱。

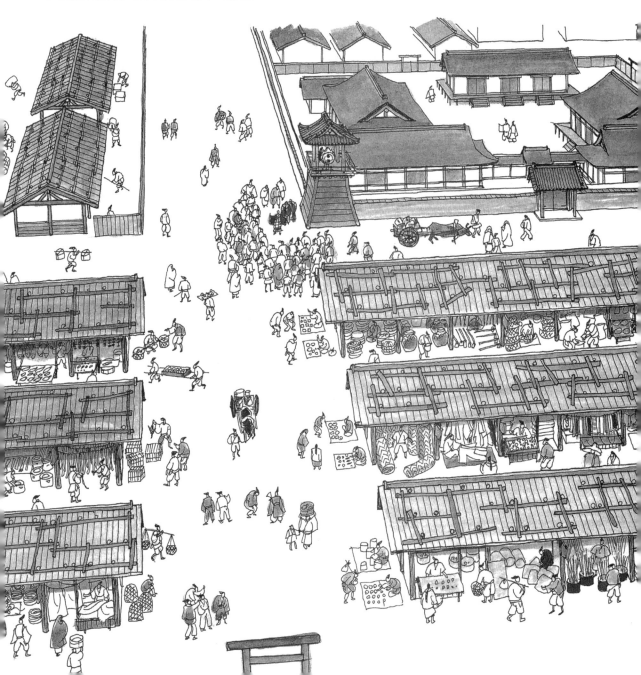

一窥与西市共生的庶民生活。

10 世纪以后，这个"方形四町"的四面向外各延伸了两个町，形成"外町市场"。1978 年，在外町市场所在的七条小学校区出土了许多木简标签，上面写着"米五斗""大豆"之类的食物名，以及"长门国"等当时的国名。此后，东市所在地、今日的平安高中校园也展开了挖掘工作，这些挖掘调查的成果，逐渐拼凑出市场当年的面貌。

东市与西市在过去由掌管平安京司法、行政、警察的左京职与右京职直辖的"市司"部门负责管理。市场交易、假货监察、尺升秤等度量衡检验、物价管理和检察等业务，都由市司一手包办。与现代的国营市场相比，当时政府对市场的控管要严格许多。

市场入口的大门上建有"市楼"，奉祀着市

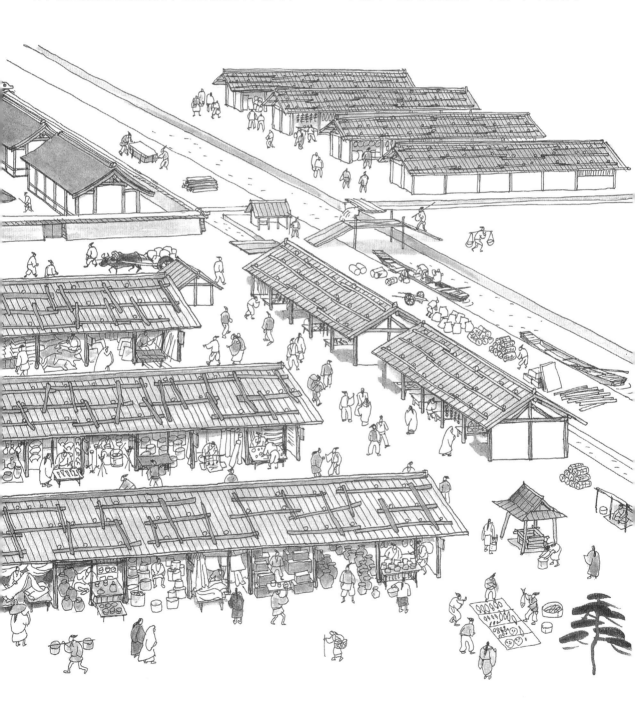

古希腊的城市

声、烽火为信号，召集市民到卫城进行防御。没有战事时，市民也到此集合共商市政。而在卫城丘堡下形成的市区，也自然形成市民群聚的日常生活中心——广场[2]。

相较之下，平安京对百姓日常生活的照顾就有些欠缺了。

市场原为进行交易的场所，但人们聚集在此时，官府会拖出罪人游街，甚至当街行刑以杀鸡儆猴。演变

着钛政

场女神"市姬"。此门正午开启，日落前敲三次大鼓后关闭。《延喜式》[1]记载，东市有五十一家店，西市有三十三家店，每家店都悬挂着称之为"标"的招牌。东市与西市销售的商品不同，东市在上半个月营业，西市则在下半个月营业，两个市场轮流开放。

当时只有东市与西市被允许贩卖商品，价格也严禁随意更动，居住在一条、二条一带的居民也只能到七条采购，往往要耗费一整天的时间。

姑且比较一下古希腊的都市与当时的京都。古希腊的城市规模更多地体现了人的尺度，人们凭借眼睛和耳朵找到都市的中心，并可以步行到达。耸立在城市中央的卫城丘堡，是外敌来袭时避难、防卫的堡垒。同时为了表彰战胜外敌的喜悦，还在该处建神殿，奉祀都市之神。当城市遭到攻击时，以大鼓、钟

---

1 《延喜式》：平安时代中期编纂的律令施行细则。
2 广场：英文为 Agora，指四面有柱廊的广场，亦为集市和聚会中心。

到后来，人们便在五月与十一月择一吉日，在东市与西市举行"着钛政"（戴枷笞刑仪式）。由鞍马[1]的居民扮演盗贼或铸造假钱的罪人，被施以鞭刑后，戴上称作"钛"的脚镣送入监狱。

此外，市场也会出现讲经的僧侣，10世纪的空也上人就是一位活跃于市场讲经的僧人，有"市圣"之称。

当时的东市与西市，对平安京的居民而言，

是不可或缺的交易与交流广场。

虽然东市与西市曾经是地位独一无二的购物中心，但西市首先衰微，东市到了平安时代末期也逐渐没落。到了12世纪末，官设的东市已淡出人们的记忆。商业中心转移到了新生的市区，沿着街道两旁形成了线状的新购物中心。

---

1 鞍马：京都市内的地名。——编者注。

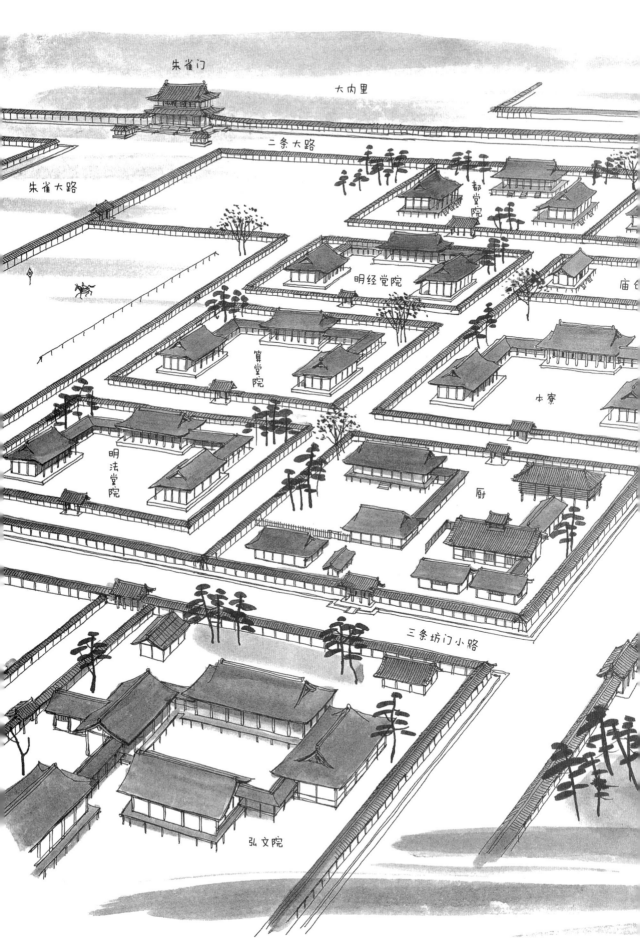

大学寮与综艺种智院——大学城的雏形

朱雀大路两侧有美丽的白色筑地塀，还种植着柳树与樱树。《古今和歌集》曾歌咏这种华丽的景象："放眼望去，柳樱交错，京城呀，春季似锦。"

在朱雀大路这条华丽的平安京中轴线北端立有朱雀门，门前即为大学寮。大学寮在朱雀大路的东侧，是教育贵族子弟、培养未来执行律令体制的高级官僚的机构，是有入学资格限制的国立大学。校园占据四个町的面积，除了举行仪式用正厅"本寮"外，还有教授历史、文学、作文的"都堂院"，教授儒教经典的"明经堂院"，教授数学的"算堂院"，以及教授法律的"明法堂院"等校舍。

贵族为了自家弟子，还在大学寮南边设置了专用宿舍，称为"大学别曹"。藤原氏的劝学院、和气氏的弘文院、橘氏的学馆院与王氏的奖学院都属于此类。

空海和尚到中国留学期间见到中国城市每个街坊都设有被称作"闾塾"的学校，让一般百姓，甚至贫苦儿童也能接受教育。因此，空海接管创寺未久的东寺后，在828年（天长五年）成立了针对一般百姓的教育机构"综艺种智院"。这是日本第一所私立大学，校园位于东寺东边的左京九条二坊。

在此有僧侣教授佛教典籍，同时还有被称作"世俗博士"的非僧侣学者讲授儒学与道教，这些都是公开课程。遗憾的是，综艺种智院创立不到二十年就在空海过世后的845年（承和十二年）关闭了，但是这所学校不论身份高低、贫富都能入学的传统，对日本平民教育的普及产生了很大影响。今日堪称日本规模最小的大学"种智院大学"，就是承袭综艺种智院的传统。

平安京东北边的比叡山也是一个学问中心。最澄和尚在比叡山建造的草堂，后来成为守护平安京的镇国道场——延历寺，也是一座研究佛法的学问寺。愿意忍受严苛的山居生活，上山追求学问与修行的人络绎不绝。因此，最澄希望在山中设立一个学问与修行的场所，以建构佛教的理想世界。后来，其弟子圆仁等人继承了他的理想。

东面北门

神泉苑

大学寮

神泉苑与御灵会

　　京都市政厅前有一条宽广的东西大道，名为"御池通"。它在与南北走向的"堀川通"交叉处以西突然变得十分狭窄，因为这条路从那里开始，进入了昔日的古道。太平洋战争末期，为避免空袭的延烧而强制性拆除了建筑物，才有了现在这样的大路。

　　御池通在平安京的都市规划道路里算是三条坊门小路，正好位于二条大路与三条大路之间。它在大内里前方一带，被一座名为"神泉苑"的大庭园分隔。神泉苑是为了天皇特别仿照中国禁苑建造的，由北边的二条大路、南边的三条大

路、东边的大宫大路和西边的壬生大路所包围，占地东西两町、南北四町，是一座宽广的庭园。

　　800年（延历十九年），桓武天皇曾经驾临于此。至少在当时，这里已有庭园和水池。最初兴建时以大池塘为中心，以正殿"乾临殿"为首，左右配有高殿，池塘对面还有钓殿等建筑，四周环绕着茂密的树林。御池通的名字就来自这个大池塘。德川家康建设二条城的时候虽然破坏了大部分庭园，但现在还有部分池塘残留着平安时代庭园的影子。1992年春天，随着地铁东西线工程的挖掘调查，发现了旧神泉苑的一部分。

　　神泉苑以汉武帝的甘泉宫为范本建造。中国称神话中的昆仑山所流下来的水为"神泉"，平安京也将灵验的圣水称为"神泉"，因此把神泉所在的庭园命名为"神泉苑"。神泉苑的池塘利用了迁都前湖沼区的部分土地，所以才会涌出被敬为灵水的神泉吧。

　　平安朝的贵族在这个池塘上泛舟，并在船上享受诗歌琴笙之宴。不过后来这里作为祈雨和驱除瘟疫的圣地被使用，也在饥馑时作为京城的蓄水池。

　　自 824 年（天长元年）空海和西寺的僧侣比赛祈雨法术以来，这里就经常举行祈雨仪式。862 年（日本贞观四年），为了赶走瘟疫，一般庶民也参加了祈福驱邪的祭典御灵会。

　　平安京人口密集之后便出现了瘟疫。为了不让那些因瘟疫死于非命的亡灵作祟，开始举行让怨灵安息的御灵会。869 年（贞观十一年）瘟疫流行的时候，祇园社对应当时全日本的六十六个小国制作了六十六支铧（长矛）用以祭祀牛头天王，并列队游行走向神泉苑，这就是祇园祭的由来。

贺茂祭的热闹景象

对平安京的百姓来说，提起祭典，首先是春天的贺茂祭，也就是上贺茂神社与下鸭神社的祭典。因为游行的人都会佩戴葵叶头饰，所以又称作"葵祭"。

据说贺茂祭在6世纪就已经出现，但从平安时代之后，才开始有规模壮丽的游行阵容。游行会从内里一直走到下鸭神社和上贺茂神社。在迁都后

不久的806年（大同元年），贺茂祭正式成为朝廷举办的官方祭典。810年（弘仁元年），由公主担任祭司主持祭典之后，祭典就更为隆重华丽了。

从清少纳言和紫式部活跃的10世纪后期到11世纪初期，开始有了用来观赏祭礼的观礼车和看台，祭典成为一种观赏性的娱乐活动。紫式部的《源氏物语》有一则很有名的故事，就以观赏此祭

典游行为背景，描述了女人之间"抢车"的过程。

祭典的队伍从内里开始，穿过一条大路，朝着贺茂的河边行进。大路上排满了装饰华丽的观礼车，还有极尽巧思的看台。最开始看台只是沿着宅邸的筑地塀搭建的观赏席，但渐渐地越做越豪华，后来竟变成用桧木皮铺顶、围上栏杆，再加以装饰，这样原本的临时看台就变成固定的设

备，也成了招待客人的应酬场所，盛装的贵夫人也坐在这里观赏。而对一般老百姓来说，观赏华丽的看台也成了参加祭典的乐趣。可以说，京都从那时候起，就奠定了观光都市的基础。

贺茂祭在应仁之乱后中断了近两百年，其后也曾中断过数次，到了1884年（明治十七年），才固定成为现在的样子。

坟地——阴界的入口

　　人口一旦集中，就会产生各种问题。如何埋葬死人就是其中之一。镰仓时代的吉田兼好在《徒然草》中有过以下记述：

　　"京内人众多，无一日无人死。一日非仅一二人。鸟边野、舟（船）冈，或山野处，送葬数多之日有，无送葬之日无。故鬻棺者做无闲置。"（城市里人口众多，没有一天不死人的，一天甚至不止一两人。虽然墓地也很多，可是每天到处都在埋葬死人，所以棺木卖得非常好。）

　　平安京的坟地东有鸟边野，北有莲台野，西有化野，另外还有吉田山、西院、竹田、深草等地。

　　京都现在每逢盂兰盆会，被人们昵称为"六道先生"的六道珍皇寺寺门大开，东山的松原通坡道上就会挤满来"参拜六道"的人，道路两旁排满了贩卖灯笼和高野罗汉松的摊贩。

　　一进门右手边是篁堂，供奉着平安初期闻名于世的学者、诗人小野篁的雕像以及阎王像。相传小野篁白天为朝廷工作，一到晚上，就借助高

野罗汉松的松枝，从这一带的水井下到阎罗王所在的阴间衙门去。

京都人在一年一度的盂兰盆会时，会到珍皇寺来迎接亲人的灵魂。珍皇寺门前的道路称为"六道十字路"，被视作通往黄泉的道路。所谓"六道"，就是人死后依照生前的所作所为会去的六种迷界（天上、人间、修罗、畜生、饿鬼、地狱），也就是指阴间。

夏天的年中祭典，佛教称为"盂兰盆会"。这个词源自古印度的梵语。此外，中亚的粟特人

把灵魂叫作"Urvan"，为了祭拜会燃烧一种叫作杜松的桧木科植物。他们相信祖先的灵魂会随着香气的导引，回到子孙家里接受供养。这种习俗结合了佛教的祖先供养，以及中国道教祈求长生的中元节仪式，最后演变成日本今日的盂兰盆会。

一年一度迎祖灵的六道参拜祭典，融合了遥远的印度、中亚、中国习俗，京都人传承这项习俗已有千年之久。

从船冈山西侧到纸屋川一带的莲台野是京都北侧的坟地，这里的千本阎魔堂与东侧鸟边野的

珍皇寺形成对比。位于船冈山以西、南北走向的千本通大道之名，就源自通往莲野台路上竖立的一千支卒塔婆[1]。

诗歌"鸟边野之烟，化野之露水"中的"化野"，就位于嵯峨野深处的小仓山北侧山麓。无名百姓的遗骸会被弃置在这片荒野任其腐烂。化野念佛寺据说就是空海为这些无名孤魂所盖的寺庙。中世以后，法然以此寺作为念佛道场。八月二十三日、二十四日举行"地藏祭"时，会在祭拜孤魂野鬼用的八千具石佛上点灯，法师会边诵经边在石佛群中绕行。这项千灯供养的法会至今依然每年举行。

衣笠山的山中与山麓古时也是坟地，与化野同是风葬地。送葬在此的遗体只以衣服或稻草等物覆

盖，直接放在地上任其腐化。据说"衣笠山"之名就由此而来。此外，鸭川河原（河滩）也是百姓放置尸体的葬尸之地。每到农历二月十六日，人们就会在四条河原把石头堆成塔状以供养亡灵，称为"积塔会"。

位于右京中央的南北向道路——道祖大路，又名"佐比大路"。这条大路往南跨越桂川之处，过去也是百姓的坟地，称作"佐比河原"。该处有一座佐比大桥，还建有佐比寺。今日当然不论在佐比乡下或佐比寺，都已不见坟地的踪影，这些坟地想必早在桂川屡次泛滥时就被冲刷殆尽了。被视为通往冥界中途站的"赛之河原"[2]，据说就源自佐比河原。

1　卒塔婆：雕刻成塔形、竖立在墓地上作为供养功德之用的细长木板。
2　赛之河原：意指冥河河滩。

平安京的坟地

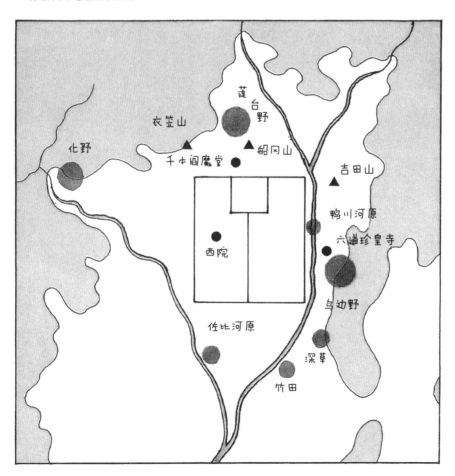

官衙町——商业都市的缘起

日本古代迁都不断，一直到桓武天皇之子嵯峨天皇才将平安京定为"永久之都"，从此不再迁徙。

809 年（弘仁元年），平城上皇开始建造宫殿，计划将首都迁回原来的平城。来年，藤原药子等人发起"药子之变"，企图使上皇复辟。这场政变过后，上皇权力尽失，嵯峨天皇得以贯彻以平安京为"万代之宫"的理想。

根据《延喜式》记载，平安京东西宽一千五百零八丈（约 4 508 米），南北长一千七百五十三丈（约 5 241 米）。在这么大的京畿之中，到底住了多少居民呢？

关于平城京的人口，泽田吾一根据昭和初期正仓院的户籍及税赋账簿数据，计算出约 20 万的结果。但也有观点认为，实际人口只有泽田吾一所说的一半，也就是约 7 万—10 万，真正的数字已难考究。更何况在平安初期，像正仓院史

料这类可供计算人口的统计资料极为稀少，要推算人口十分困难。不过一般认为，平安初期的人口最多在 17 万—18 万，或在 15 万之谱，少则有 12 万—13 万。

京城的居民除了天皇、皇族与贵族公卿之外，还有通称为"杂色"的在各官衙担任杂役的卫士、舍人[1]和厨师，以及农民。当时的农民会到京城外自己所分配到的"口分田"去耕作。可以说平安初期的人口中，大半是农民。

平安京一成以上的人口是在律令政府辖下各官厅担任杂役的人。他们从地方被征调到京城来服"年役"，当班时就在指派的官衙工作，未当班时休息待命的地方则是各官厅所属的"厨町"。"厨"指的就是厨房。

首都还在大和时，在各官厅工作的农民据说都住在自己出身的"国土"（乡里）。现在以丰前、丹波、飞骅等古国名为村间名的"国名村"，就

1　舍人：伺候皇室贵族的下级官员。

是古代遗留下来的产物。到了平安京时代，官厅制度和官司制度更为发达，因此出现了隶属于各官厅的厨町。

　　厨町集中在左京的二条大路以北，这一带有许多长屋状建筑。这些区域以机关名或职业名为称呼，如带刀[1]町、图书町、采女[2]町、官厨町、织部町、木工町、舍人町等等，是名副其实的官衙町。后来在镰仓时代的书籍《拾芥抄》中，把这些官衙町统称为"诸司之厨町"，所以现在的学者将之称为"诸司厨町"。

　　诸司厨町在10世纪左右开始有了变化。914年（延喜十四年）三善清行提出的《意见十二箇条》中有记载："六卫府（负责护卫皇宫的机关）的舍人排定早晚护卫的轮班后，不当班的人本应

1　带刀：护卫。
2　采女：女侍。

到东西两侧的带刀町休息待命，可是他们却散居各地，而不住在宿舍等待轮班。"（第十一条）由此可见，当时有些官衙町已经消失了。另外，负责生产和搬运的官衙町，不当班的时候并非只有待命，还要负责各自机关的管理工作。后来渐渐形成所谓的"座"（同业公会），开始有了工商活动，办公街、商业街也就应势而生了。

诸司厨町的居住者大多是从地方来服年役的课役户。随着时代的变迁，成为下级衙役定居下来的人也开始增多。后来，由于作为古代国家基本制度的律令制开始崩坏，多数官衙町也就随之消失了。不过也有一些其他的发展，比如后来有些织部町的工人开始从事纺织业，或是在织部司工作的人从织部町工人那里学习技术纺织出一般市场上贩卖的布匹，开始做起生意。京都具代表性的纺织区西阵，就脱胎于这个织部町和舍人町。

而木工町则开始制作卖给一般平民的各种日常家用器具。原本是为官厅制作器具的地方，渐渐发展成消费品的生产地或交易区。商业之都京都的原点，就在诸司厨町。

西对屋

西钓殿

中门

渡殿

中岛

东钓殿

车宿

贵族宅邸的寝殿造

　　平安时代到了后期，贵族宅邸开始出现"寝殿造"这一形式，而其中最典型的基本样式大概如下所述。

　　筑地塀围绕的大宅中央是主人居住的地方，在此设置朝南的"寝殿"，也是举行仪式活动用的正殿。正殿的东西两侧有一对分别名为"东对屋"与"西对屋"的侧殿，北侧有后殿，在其两侧又有一对侧殿，是夫人和家人居住的地方。正殿和侧殿则由称为"渡殿"的回廊连接起来。

　　正殿的南边有池塘和假山，池畔设有"钓殿"。此外，还运用巧思以石头铺设水路引水入池塘。北侧则有厨房、灶屋及仆人的厢房等。上级贵族的宅邸，面积标准大概是一町见方（约1.4公顷）。其住宅的特征，是将举行公开仪式和接待客人用的正式空间，与私密的家人日常生活的"家"空间，非常清楚地划分开来。

以前认为寝殿造建筑的形式大概是 10 世纪中叶发展完成的，可是从最近的挖掘调查结果来看，时间还要早上一个世纪左右。

1988 年春天，京都市埋藏文化财研究所在京都市下京区中堂寺南町的大阪瓦斯京都制造所旧址（现在是京都研究园区）挖掘出了寝殿造建筑的遗迹。这里正是平安京右京六条一坊五町的位置，经过现代都市规划整理的京都，难得出现一块占地约一町四方的七成，也就是 10 000 平方米的广大土地可供考古调查。在调查区域的东南部，还发现了正殿遗迹与东西成对的侧屋遗迹，后殿东边也找到了侧殿的遗迹。据推测，这是 9 世纪中叶的遗绪。

正殿是四面有屋檐的"入母屋造"[1]，柱间[2]数南北有四间（约 14 米），东西有七间（约 22 米）。一般称为"北对屋"的后殿是"切妻造"[3]，柱间

1　入母屋造：上半部有两片呈山形的倾斜屋顶，下半部则有四片倾斜屋顶的歇山建筑型式。
2　柱间：两根柱子之间的距离，不同的建筑根据柱子密度的不同而有所差异。——编者注
3　切妻造：两坡悬山顶式建筑。

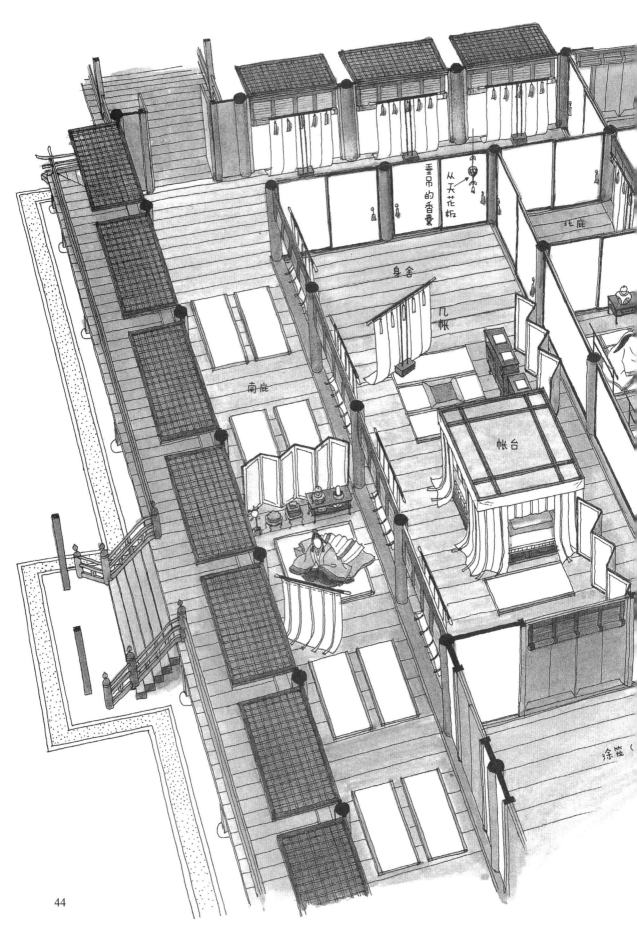

从天花板
垂吊的香囊

北屋

身舍

几帐

南屋

帐台

涂笼

44

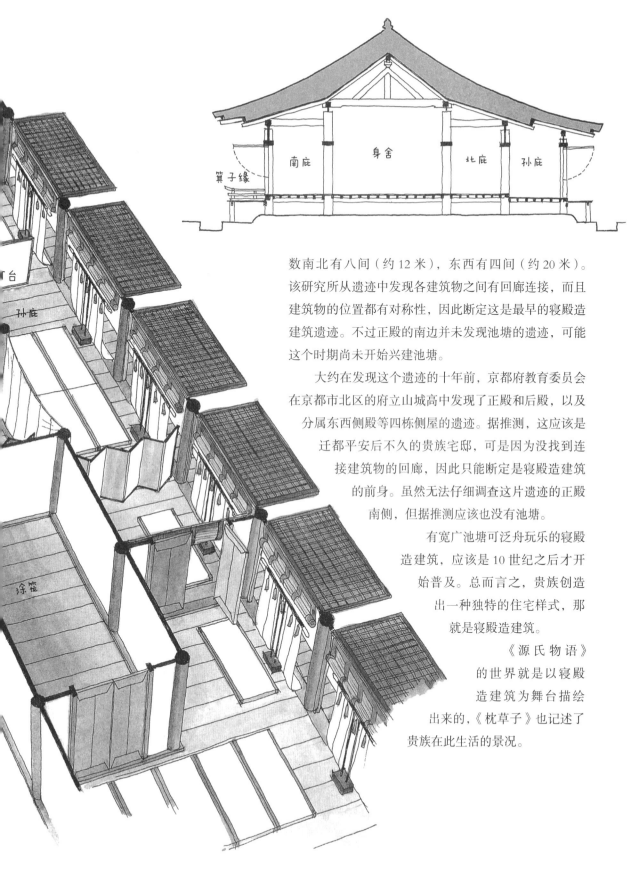

数南北有八间（约 12 米），东西有四间（约 20 米）。该研究所从遗迹中发现各建筑物之间有回廊连接，而且建筑物的位置都有对称性，因此断定这是最早的寝殿造建筑遗迹。不过正殿的南边并未发现池塘的遗迹，可能这个时期尚未开始兴建池塘。

大约在发现这个遗迹的十年前，京都府教育委员会在京都市北区的府立山城高中发现了正殿和后殿，以及分属东西侧殿等四栋侧屋的遗迹。据推测，这应该是迁都平安后不久的贵族宅邸，可是因为没找到连接建筑物的回廊，因此只能断定是寝殿造建筑的前身。虽然无法仔细调查这片遗迹的正殿南侧，但据推测应该也没有池塘。

有宽广池塘可泛舟玩乐的寝殿造建筑，应该是 10 世纪之后才开始普及。总而言之，贵族创造出一种独特的住宅样式，那就是寝殿造建筑。

《源氏物语》的世界就是以寝殿造建筑为舞台描绘出来的，《枕草子》也记述了贵族在此生活的景况。

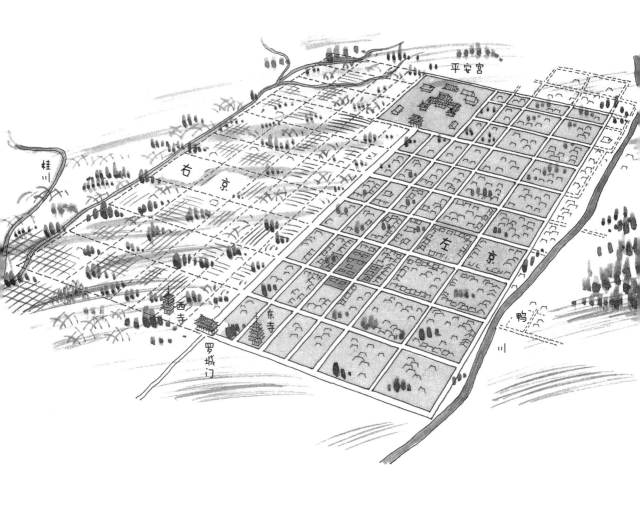

平安宮

右 京

左 京

桂 川

西寺

东寺

鸭 川

罗城门

平安京容貌的改变

汉学家庆滋保胤在《池亭记》中这样描述10世纪下半叶的平安京："以平安京的中心街道朱雀大路为界，西边的右京逐渐荒废，少有人家，只见旧屋崩坏，不见新屋兴建。只见迁出者，不见迁入者，聚居于此的都是一些无处可去的人。而东边的左京，尤其是沿着四条大路往北，住家密集。这里的居民身份高低各异，富人穷人皆有。贵族宅邸的门堂栉比鳞次，百姓人家也是屋屋相连。因此一旦发生火灾就会四处延烧，盗贼闯入南边的住家也会祸及北边的人家。"

从文中的叙述可知，平安京有人口过密与过疏的区域。右京似乎是不适合居住的湿地，依条

坊制规划兴建的道路有些已无法发挥功能，或成为空地，或恢复为田地。相较之下，可清楚地看出，左京已有朝京畿之外的鸭川河畔和北边郊区扩展的现象。被称为"京户"的庶民阶层原本获得了平均分配的住宅用地与口分田，此时也开始出现贫富差距。到了《池亭记》的时代，以中国都城为范本所规划建设的都市已产生巨大的改变。

庆滋保胤一直到撰写《池亭记》前，都赁居于土御门附近。到了五十岁，才于今天的下京区上柳町附近的左京六坊门南、町尻的东角买了一块荒地，建屋居住。他在占地十余亩（约2000

平方米）的土地四周筑墙，设置门户，筑小山，造池塘，池塘西边建小堂供奉阿弥陀佛，池东建书库。北边的矮屋名为"池亭"，供妻儿居住。庆滋保胤白日在朝为官，回家就到西边佛堂诵经，用餐后则到东边书库阅览古圣先贤的著作，过着文人的生活。此外，他虔诚信仰净土宗，与源信[1]等人共创劝学会，促成《日本往生极乐记》的问世。《池亭记》是他以此地生活为中心，描绘京城居住条件及社会风貌变化的著作。

在距离庆滋保胤的时代约一百年后，大江匡房买下了池亭北边的千种殿。大江匡房两度任大宰权帅，累积了不少财富，并以博学闻名，被尊为"天下明镜"。他兴建了一座"校仓造"[2]的"江家文库"，收藏万卷书籍。尽管身边的人劝他京城可能发生火灾，他仍大发豪语："只要日本国不亡，书卷就会存在。"不过就在大江匡房过世后数十年，这些藏书在1153年（仁平三年）的一场火灾中付之一炬。大江匡房在著作《续本朝往生传》中，也透露了对庆滋保胤的极度仰慕。

1 源信：平安中期的天台宗法师。
2 校仓造：底部架高，以圆木或角材堆栈井字形为墙，可调节室内湿度的仓库建筑工法。

池亭

阿弥陀堂

寝殿

东对屋

中门

书库

东门

中岛

菜园

芹田

百姓的住所

　　相较于皇室和贵族的宅邸，百姓的住所就简陋得多了。对京城遗迹的挖掘调查工作，曾在多处发现百姓住宅的梁柱出土遗迹，可以推断当时百姓住的是直接将柱子插入土中搭盖而成的"掘立柱小屋"。

　　平安初期的百姓住宅规模，基本属于"一户主"，大小约一百四十坪（约469平方米）的房子。如此面积的屋子供一家人居住，同时还有菜园，照理说应相当宽敞。然而，到了人口集中的左京，尤其是北部一带，土地就全被细分，到处都是一栋分割成好几户的长屋（大杂院）了。

　　依照《年中行事绘卷》[1]等描绘平安后期景况的画卷可以推定，当时一间长屋的规模，面对大街的横宽为三柱间，深度则为四柱间。屋顶是以木板或草构成的山形式屋顶，屋顶表面一并铺设木材或石头，墙壁则采用木板墙或竹片等编织的网壁。土

---

1 《年中行事绘卷》：常盘光长根据当时宫廷的全年仪典及民间风俗绘制成的画卷。

间[1]的一部分会铺地板。《池
亭记》所记载的"小屋隔墙
连檐"讲的应该就是这种房子。

　　而在防范火灾蔓延的对策方面，贵族宅邸会
先捣毁长廊以阻止火势延烧，再派身份较低的青
衣侍从上屋顶灭火；或派遣家臣去捣毁附近百姓
的房屋以策安全。当时的房屋可说是对火灾毫无

防备，为了避免延烧，平民百姓的小屋随时得面
临被破坏的命运。

1　土间：指房舍内未经处理的地面部分。当代日本的传统民家或仓库的室内空间里，也会将生活起居的空间分成高于地面并铺设木板等板
　材的地板区"床"，以及与地面同高的"土间"两个部分。——编者注

里内里

从 JR 京都站沿着乌丸通向北，丸太町通到今出川通这一路段的右侧，也就是东侧，由一片绵延的森林。这就是京都三大祭典中的"葵祭"与"时代祭"的出发点——京都御苑。御苑以京都御所及其东南方的仙洞御所（上皇居所）为中心，形成了一片树木茂盛的公园。在 1869 年（明治二年）天皇移居东京之前，"御所"名副其实是天皇与上皇的住所，其周边则是朝臣的住家。由于这些朝臣也随着天皇一起迁居到东京，所以将该遗址改成了公园。

---

1 里内里：京畿除了大内以外的宫阙，多为外戚的居所。
2 内里：天皇居住的宫院，又称御所、皇居、禁、禁中、大内。

京都御所位于左京北边四坊二町处。在南北朝时代，这里被称作"里内里"[1]，北朝的光严天皇原居于此，即位后也以此处为皇居，因此这里才得以成为后来的京都御所。

里内里又称"里皇居"，就是当"内里"[2]发生火灾或崩塌时，在宫城外的私宅所设置的临时

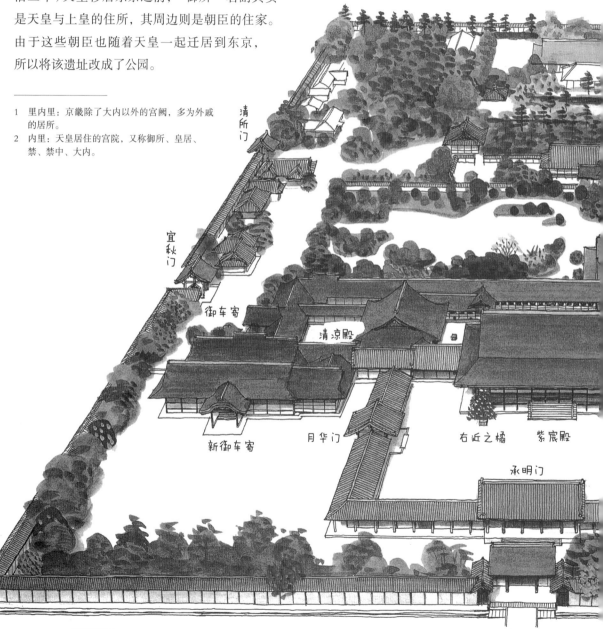

清所门

宜秋门

御车寄

新御车寄

清凉殿

月华门

右近之橘　紫宸殿

承明门

京都御所

建礼门

皇宫。"里"指的是宫城以外的京畿，由于里内里多半是摄关家[1]，更常是皇后的娘家府邸，因此而得名。

平安京的内里是在开始建都时在大内里（宫城）中央的朝堂院东北兴建的，但从修建之初到1219年（承久元年）之间，内里发生过多达十五次的火灾。最后一次是1227年（安贞元年）重建宫殿时发生的，此后再未能在宫城内兴建内里。

后来皇居辗转迁移，到1392年（明德四年）南北朝时代结束后，天皇御所才在目前的位置安定下来。

其实平安时代到了中期，天皇就曾数度将居所迁移到左京的母系摄关家府邸。当内里遭到祝融之灾，天皇就会暂时迁到里内里居住。但是在内里重建以后，天皇依然喜欢住在里内里。名为"一条院"的里内里位于左京一条大路南边，是当时一条天皇母亲藤原诠子的住所。这个地方十分热闹，住在这里当然比日渐冷清的大内里来得舒适，这应该是博得天皇喜爱的原因。不过正式的喜庆典礼，还是会在大内里举行。从平安时代末期的鸟羽天皇以后，里内里就正式成为天皇平时的居所了。

1 摄关家：摄政、关白等辅佐天皇的公卿家。

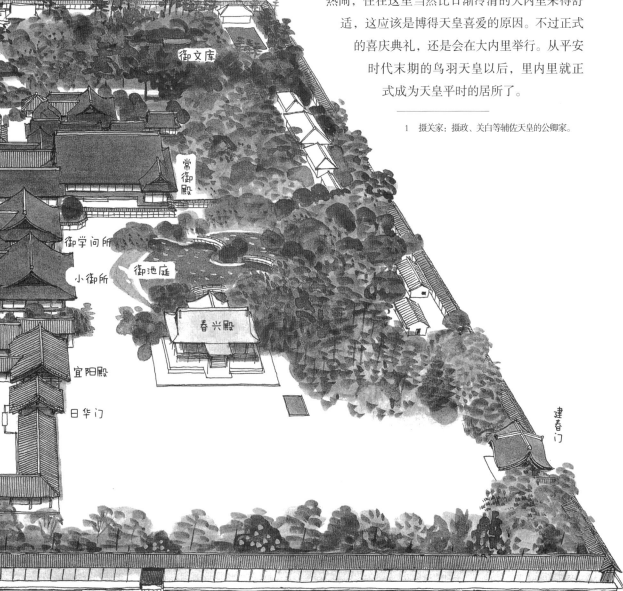

京域的扩大——法成寺的兴建与治水工程

刚迁都时的鸭川，只是一条流经平安京郊外的河川。古有一说称鸭川的河道曾因建都而改变流向，但因为并未见到太多人工堤岸的痕迹，大多仍是自然堤防的河岸，所以推测当时的防洪对策可能并不多。不过最晚也是在迁都约三十年后的824年（天长元年），就设了原本律令制度中没有的"防鸭河使"，全权处理鸭川的治水工作。据《池亭记》记载，平安京时期的住家多集中在东北部，后来超出京域范围，市区扩大到东京极大路以东的地区。为因应此变，防鸭河使的治水工程范围扩大至市区以东，也加速了京域向东扩展的脚步。

10世纪末，太政大臣藤原兼家在二条大路向东的延长线二条京极兴建法兴寺，这里比东京极大路还要向东一町以上。其子藤原道长于11世纪初在法兴寺的更北边修建了占地广袤的法成寺，位置大约在今日京都府立鸭沂高中到府立医科大学附近一带。而后道长出家，创建供奉了九尊阿弥陀佛、势至菩萨及观音菩萨的阿弥陀堂，命名为"无量寿院"。其妻源伦子等权贵一族更倾注财力，号令诸侯，使寺院一间接着一间创建。1022年（治安二年），后一条天皇带领东宫（皇太子）、皇太后、皇后、中宫等人列席参加了金堂与五大堂的落庆法要（佛殿的落成典礼），这是一场很盛大的仪式。

以华丽伽蓝著称的法成寺让京城住民强烈感受到平安京向东扩展的事实，通往法成寺南边的道路被命名为"东朱雀大路"。然而，鸭川泛滥的河水并未被法成寺完全制服。法成寺的"法"字由"水"与"去"组成，有"去水"之意，这种造字法反映了中国古代"治水为法之本"的思想。

尔后的年代中，人们依然为鸭川所苦。11世纪末，白河上皇甚至将鸭川之水与横行的比叡山僧兵和双陆棋的骰子并列为"天下三不如意"。861年（日本贞观三年），防鸭河使一度被废除，后改为山城国或检非违使的附属机关。当堤防溃决时，畿内诸国会指派临时的"鸭河役"负责，这个制度一直沿用到镰仓时代。

平安京的别墅区

相较于带给人们连绵不断痛苦的严酷大陆型自然环境，京都一带的自然环境显得平稳舒适得多。皇亲贵族在近郊的大自然中寻求安静与休憩之处，同时将之作为宴会游乐的场所。

平安时代初期朝廷曾为了平定虾夷而出兵，尔后也爆发了平将门之乱与藤原纯友之乱。但这些战乱都未波及平安京，使之维持了三百余年的太平。大部分的上级官吏除了专注于内部权力斗争与升官发达之外，对于国政皆可说是漠不关心，朝夕沉迷于诗歌雅乐之中。因当时盛行游山玩水，王公贵族便竞相在京城近郊修建别墅，连上皇与天皇也经常离京前往别墅游憩。

最著名的别墅区有两处，一处位于平安京西北方，即以今京都市右京区嵯峨为中心的大堰川河畔；另一处位于东南方，即从山科区醍醐至宇治市一带的宇治川周边地区。

平安时代初期，嵯峨天皇于弘仁初年（810）在嵯峨修筑离宫，从此嵯峨便作为别墅区繁荣起来。该离宫遗址现为大觉寺，嵯峨天皇晚年退位后便居于此。他以诗文和书法见长，周遭云集文人墨客。据传在嵯峨天皇驾崩前，这里经常举行诗歌聚会。

由嵯峨天皇敕命编撰的汉诗集《文华秀丽集》，多收录天皇退居离宫时文人墨客的作品。现在每年五月在车折神社举行"三船祭"时，还会将三十只龙头鹢首船放于大堰川，再现平安时代嵯峨的王公贵族吟诗作乐的景象。因嵯峨天皇之故，檀林皇后的檀林寺，以及继承源家姓氏的皇子源融的别墅栖霞观，皆设于此。

宇治因地处由琵琶湖流出的宇治川下游，邻近木津川，而成为水路交通的枢纽。据传古代应神天皇的离宫也设于此处。平安初期，除了源融在宇治建造别墅外，阳成天皇、宇多天皇也选择此地修筑离宫。其中最负盛名的是今日的宇治平等院，这是藤原赖通将继承自父亲藤原道长的别墅宇治殿加以改建而成的寺院。

极乐净土的梦想

或许是以"平安"命名的愿望真的变成了现实，平安京维持了很长一段太平时期。然而，即便是歌咏现世荣华的贵族，依旧会对死后的来世怀有强烈的不安。接二连三的天灾、纵火、强盗等事件，导致人心惶惶，无常与厌世的思想逐渐蔓延。"释迦牟尼佛涅槃一千五百年后佛法衰微，乱世到来"的末法思想开始进驻人心，祈求远离尘俗往生阿弥陀佛极乐净土的净土信仰也逐渐流传开来。

贵族开始出家修行，试图在现实生活的空间中创造净土世界。藤原道长的无量寿院，就是基于对净土世界的憧憬所建造的。其子关白太政大臣藤原赖通所建的平等院，也因体现平安时代贵族心中的净土世界而闻名于世。

被称为末法第一年的 1052 年（永承七年），藤原赖通把继承自父亲藤原道长的宇治殿改建为佛寺，翌年更建造了阿弥陀堂。这个别名"凤凰堂"的佛堂，其华丽被说成"不信极乐者，到宇治佛寺参拜即可"。中堂供奉平安时代最具代表性的佛像师定朝所做的阿弥陀如来像，左右两边有翼廊，背后有尾廊，外形优美。从前院池塘的对面眺望，仿佛看到净土曼陀罗中宝楼阁的胜妙景观。此地会受到藤原赖通等贵族青睐成为别墅胜地，或许也因为大家视这里为极乐净土在人世的体现吧。

根据《荣花物语》的描述，1027 年（万寿四年）八月，藤原道长临终卧于无量寿院的阿弥陀堂，枕北枕、面朝西，手持佛手接引西方的丝线而往生。

平等院阿弥陀堂

57

连接都城与地方的道路

平安京是最后一个按照中国古代都城规划建造的都城。不过，从平安京并没有城墙这点来看，日本古代都市并非完全承袭中国的都城制度。平安京南边的罗城门两侧虽有筑地塀，却不像中国的都城以城墙明确区隔内外。

即便如此，日本的都城也同样以道路来连接

废除。但是当天皇驾崩时，朝廷仍依照惯例派遣使者前往三关加强防御，可见当时还保留着关口的形式。总之，在当时的日本，交通的顺畅优先于防御外敌入侵京城。

迁都平安京不久后的延历十四年，为使驿道更臻完备，朝廷下令调查近江与若狭两国的驿道。次年，于南海道开辟新道，并下令制作标记各乡郡及驿道的地图。桓武天皇驾崩的806年（大同元年），设立了六道观察使。这些观察使必须从京城经官道到地方去监察各地的行政。

事实上，政府从以前便绞尽脑汁设法拟出对策，让中央首都与地方之间的百姓往来及物资运输更顺畅。举例来说，761年（天平宝字五年）朝廷就曾经下令，为食物短缺的旅人在主要驿道两侧种植果树。以京城为中心建设完备的道路与驿制，是波斯、罗马、印度和中国等古代帝国连接首都与地方的共同政策。

人与物自由流动、交易范围扩大，可促使政治与经济的活络，这点古今相同。任意设置关卡榨取关钱[2]，是中央权力衰弱后才有的事。尽管曾派遣大军平定虾夷，还两度建设京城，平安京仍在桓武天皇的时代趋于稳定并开始蓬勃发展，这都是拜连接全国各地的道路日趋完备所赐。这些道路使物资的运输更容易，居民也可更轻松自由地往来、旅行。许多平安时代诞生的旅游纪行文学作品，与这种背景环境景可说是不无相关。

广大领土的各个区域，并且制定了驿制[1]，这点与其他古代国家并无二致。东海道、东山道、北陆道、山阴道、山阳道、南海道等主要干道，皆以平安京为起点。

此外，又以都城为中心，定大和、山城、河内、摄津等地为畿内，在通往京城的官道上还设有美浓的不破关、伊势的铃鹿关、敦贺的爱发关三个关口。桓武天皇于长冈京时期的790年（延历九年）废除此三关，据说是因为关卡阻碍了往来的交通。延历十四年，连可通往东海道、东山道及北陆道等三条要道的逢坂关（近江关）也遭

---

1 驿制：律令制度下专供公出旅行及紧急通讯的道路，分为五畿七道。
2 关钱：对通关的人马、货物课税，类似今日的关税。

京畿白河的出现

平安京左京的繁荣，使京城范围跨越了鸭川河面，不断向对岸扩展。鸭川以东率先繁荣起来的，是现在的左京区冈崎附近的白川（白河）河畔。发源于比叡山南麓、流向京都盆地东边的白川，穿过吉田山与大文字山之间，最后在四条附近与鸭川汇流。古时传说鸭川以东的冈崎一带，是"天狗[1]的居所"。但随着时代变迁，王公贵族爱上了白川流经翠绿山间的清澈水流，纷纷在此兴建宅邸或寺院。该地正处于平安京东西向主干道二条大路的延长线上，是这块土地会被开发的另一个重要因素。当时这里被称为"二条末"，现在仍沿用"二条通"的名字。这可说是没有城墙的日本都市的一大特色。亚洲大陆的都城有高耸的城墙，将城内城外明显地区隔开来，还设

---

1 天狗：传说中的日本山妖。

有城门，城内街道不可能直通城外。

9世纪中叶，摄政大臣藤原良房在此兴建了名为白河第、白河殿、白河别业三栋别墅，引起了贵族的关注。这些府邸后来传给了藤原基经、藤原忠平，再传给藤原道长、藤原赖长、藤原师实，由摄关家代代相传。而花山天皇、后一条天皇和后冷泉天皇也会驾临此地赏花。在藤原道长的时代，以《和汉朗咏集》编撰者闻名的藤原公任也在附近修建山庄，所以当时称藤原道长的别墅为"大白河"，称藤原公任的山庄为"小白河"，以示区别。

连华藏院

金刚胜院

延胜寺

成胜寺

证菩提院

三条白河坊

善胜寺

参照福山敏男、杉山信三的
复原图绘制的京畿白河

11 世纪下半叶开始，白河迎来了最兴盛的时期，也就是藤原师实将这座府邸献给白河天皇，天皇发愿在此兴建法胜寺之后。这座寺院于 1075 年（承保二年）动工，花了近两年的时间，建造了金堂、讲堂、阿弥陀堂、五大堂及法华堂等殿堂。1083 年（永保三年），八角九重大塔竣工。这座高达 80 米的塔，就耸立在金堂前方的池中岛。

以法胜寺的兴建为开端，堀河天皇的尊胜寺、鸟羽天皇的最胜寺、崇德天皇的成胜寺、近卫天皇的延胜寺、鸟羽天皇的皇后待贤门院的圆胜寺等寺庙，相继在白河出现。这六座寺院皆由皇族发愿建造，统称为"六胜寺"。当时以建寺造佛积功德的风俗习惯，在王公贵族之间广为流传。

白河天皇让位成为上皇之后，在这里建了名为"白河泉殿"的院御所[1]，于 1086 年（应德三年）开始施行院政[2]。白河通往东国[3]的道路与从栗田口往山科的道路相连接，交通地位重要。因实施院政而成为政治中心的白河，不论在军事或政治上都占有重要的地位。因此，名为"京畿白河"的新区域于焉诞生。而法胜寺的八角九重大塔，亦以新地标之姿耸立在新开发的白河区域。

可惜的是，这座塔因为高度的关系惨遭雷击烧毁，现在的冈崎京都市立动物园尚留有其遗迹。

1　院御所：上皇或出家的法皇居住的宫殿。
2　院政：上皇代替天皇行使政务，由于上皇居所称为"院"，故称"院政"。
3　东国：古代日本将铃鹿关和不破关以东的地区统称为东国，与之相对的西部地区则称为西国。——编者注

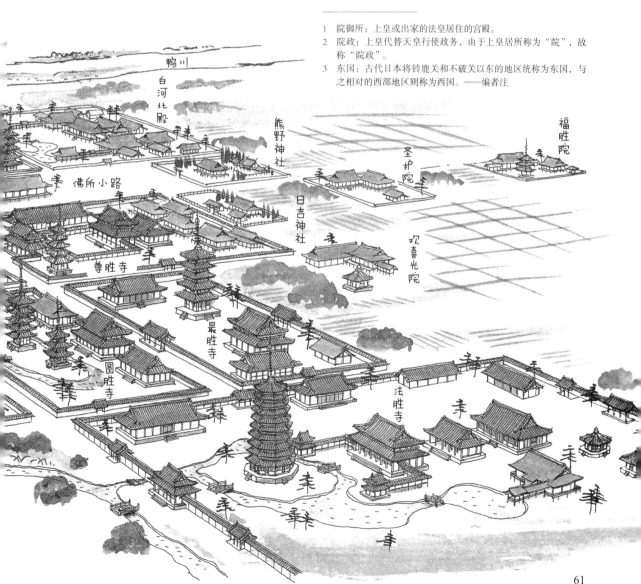

繁荣的鸟羽水阁

从京都向南延伸的国道一号线通称"京阪国道"，与紧临鸭川的名神高速公路呈立体交叉状。今日酒店、工厂、商店、民家混杂林立的高速公路南侧一带，正好是从平安时代末期到镰仓时代初期鸟羽离宫的区域。占地百余町，大约 100 公顷左右，面积辽阔。因池塘边占地南北八町、东西六町的御所和御堂展现着其堂堂威仪，所以这一带也有"鸟羽水阁"或是"城南水阁"之称。

经过一千年的时光，往昔的地貌已完全改变，我们只能从几处遗迹一窥昔日的盛况。例如国道西边鸟羽离宫迹公园一角的"秋之山"、东侧城南宫的森林，再往东的安乐寿院及近卫天皇陵的多宝塔等遗迹。随着名神高速公路京都南交流道的建设，以及土地区划、整地事业的进行，自 1960 年（昭和三十五年）起，以建筑史学家杉山信三牵头断断续续进行的挖掘考察工作，也揭

参照杉山信三的复原图所绘（虚线为现在的道路）

开当时鸟羽离宫的神秘风貌，推测出了 12 世纪末最繁华的离宫模样。

杉山信三先生根据挖掘考察结果绘制了鸟羽离宫复原图：秋之山南面有南殿，有名为"证金刚院"的御堂与寝殿。南殿北方，今日交流道西侧附近，则是建有寝殿、对屋以及胜光明院的北殿。池塘中央的中岛上有城南宫和马场殿，北侧架桥，连接着田中殿一角的金刚心院，院中有释迦堂和九体阿弥陀堂，亦设有寝殿，所以其东北方的田中殿便没有佛堂只有寝殿。金刚心院东侧，现在白河天皇陵和鸟羽天皇陵的附近，有当初名为"泉殿"的东殿。鸟羽法皇将和白河法皇有因缘的三殿西对屋改建为成菩提院，之后又建了三体阿弥陀堂和九体阿弥陀堂，命名为"安乐寿院"。这里同样设有寝殿，而两座陵寝又各自建有三重塔。现今耸立着多宝塔的近卫天皇陵，即

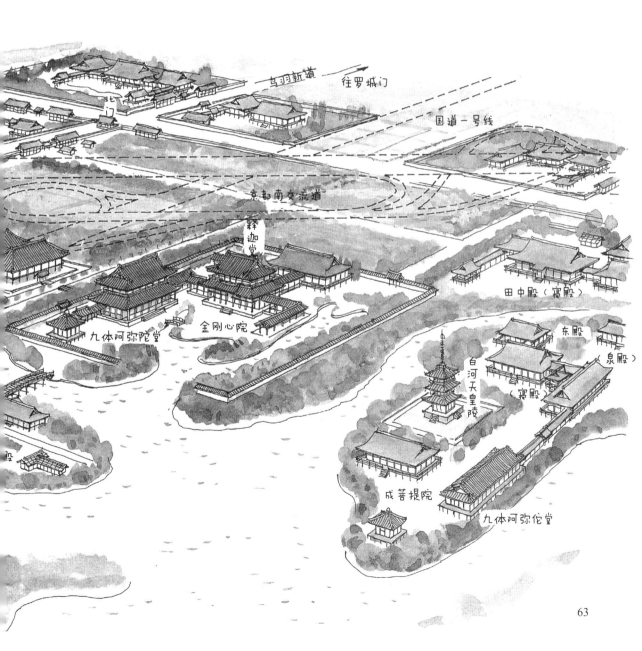

63

位于东殿最东端的尽头一带。这座离宫的南面有宽广的池塘，曾为鸭川的一部分。现在东高濑川一带即为当时鸭川的遗迹。

据《扶桑略记》所记载，在鸟羽修筑离宫始于白河天皇应德三年（1086）七月左右，位置大概从朱雀大路往南延伸到鸟羽新道末端一带。这里原名"草津"，是专供送往京城物资卸货的外港。之后，王公贵族竞相在鸟羽兴建别墅，藤原季纲更将其中一间别墅献给天皇，天皇将之改建为退位后的住所鸟羽殿。

白河天皇自己在此建造御所的同时，也赐地给亲信兴建家宅，同年十一月，人们开始逐一迁居。先建成的鸟羽殿被命名为"南殿"。因为1088年（宽治二年），在鸟羽殿北侧另外兴建离宫，命名为"北殿"，所以比北殿早落成的地方理当称之为南殿。南殿、北殿、泉殿中首先兴建了包含御所功能的寝殿，而在寝殿并设御堂则是不久之后的事。南殿于1101年（康和三年）设立证金刚院阿弥陀堂；北殿于1136年（保延二年）设置胜光明院，次年更在东殿加设名为"安乐寿院"的御堂。这些宫殿之中，只有田中殿的金刚心院释迦堂及阿弥陀堂在1152年（仁平二年）同步着手兴建，而且不到两年的时间即全部完工。

鸟羽离宫虽然历经战乱，但离宫的功能仍旧维持到了镰仓时代。最热爱此地的是后鸟羽上皇，不但经常行幸至此，也经常翻修或是建设新殿。但1221年（承久三年）爆发了"承久之乱"，后鸟羽上皇被流放到隐岐岛，离宫因此急速荒废。据说到了14世纪上半叶，鸟羽离宫就再也没有被使用过。

这座离宫在古代到中世的变革时期繁荣了将近一百年，前半期为院政时代，朝廷握有政治实权，后半期则是平家与源氏的武家政治时代。鸭川流经九条后转向西，与桂川合流一带的土地原本就较为低陷而湿润，就开发而言水源充足无虞。这一带称为鸟羽水阁，将御堂兴建在水岸边，反映了净土信仰的世界。也有一说指出，北殿胜光明院等是仿造宇治平等院而建，金刚心院释迦堂则将净土曼陀罗的世界充分体现于人世间。

但可以肯定的是，白河天皇退位成为上皇之后，并不单单只想将鸟羽建造为退隐居所。如果平安京是天皇之都，鸟羽便可被视为上皇之都。曾经有过这样的记载："鸟羽离宫的兴建牵动众人，上自侍奉上皇的官员仆役，下至庶民，上皇皆赐地建屋，与实质迁都并无二致。"

院政时代的鸟羽不仅作为院厅以治理朝政，同时也是物流与情报收发的中心，这些对政治统治者而言都是格外重要的功能。占水陆交通地利之便，无论是物资运输或是通讯收发，鸟羽不啻为绝佳的场所。

然而随着承久之乱结束，朝廷也完全落入武家政治的掌控，鸟羽离宫仅被视为众多离宫之一，终告荒废。

条坊的变化

京都井然有序的棋盘式街道，是以中国条坊制为蓝本规划而建的平安京的遗产。现在京都的道路虽然不是平安京时代保留下的原路，却承袭了当时棋盘式道路规划的基础。

条坊制兴起于中国，中国的"坊"四周为坚固的围墙，四面设有坊门，内有十字巷，中间则设有名为"曲"的小路，并以击街鼓作为启闭城门和坊门的信号。

平安京也有名为"四条坊门小路"的道路，一般认为，只有面向朱雀大路的区域设有坊门。而平安京在建都完成初期，与中国一样，以道路区划"坊""町"的地域单位，例如"左京五条三坊五町"即为以条坊制为基础标注的地址。

这种地址标注法到了平安时代后期有所变化。《中右记》(宽治元年，1087) 记载："大炊御门北、一条南、西洞院东、室町西一带烧毁。"这段记载表明当时除了以道路当基准，也开始使用类似今日"上行""下行""东入""西入"的标注法。这不仅仅代表标注方法的变化，

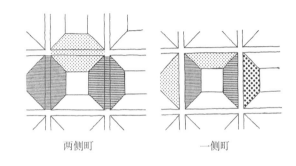

两侧町   一侧町

更深层的意义在于，人们对于自己生活场所的掌握开始产生意识上的改变。

人们开始意识到道路的两侧可形成一个区域，这超越了过去只以"坊""町"作为生活单位的思维，产生了跨越道路而缔结的生活组织。

六波罗平氏政厅

慈圆的著作《愚管抄》[1]，针对保元之乱（1156）、平治之乱（1159）有过这样一段评论："日本国之乱逆终，之后，武家起。"意指充满血腥的叛乱暴乱终结后，武家势力自此抬头。也因这两起历史事件，使得首都的实质权力中心移转至六波罗[2]，也就是鸭川以东五条到七条的地方。这是因为掌握政权的平家府邸就在六波罗。虽然只有短短的二十年，但以此为中心的六波罗政权时代却被称为"非平氏者非人"（平家以外的人就不是人）。

六波罗也写作"六原"，其名称起源众说纷纭。一说六波罗的地理位置靠近东山山麓，从山麓的平地开始即进入六原区域，正好是鸟边野坟地的入口，据传也是即将堕入六道的亡灵徘徊的地方。963 年（应和三年），空也首先在此辟地兴建西光寺（现六波罗蜜寺）。

1 《愚管抄》：镰仓初期日本最早的史论书，记载神武天皇至顺德天皇间的历史，以佛教观点诠释日本政治的变迁。
2 六波罗：平安时代指鸭川东岸五条大路到七条大路间的区域，今日的六波罗指的是东山区六原学区。"波罗"与"原"同音，历史中两种写法都有出现。

促使平家在朝廷当权的武将平正盛，1110 年（天永元年）为祈求死后得以往生净土极乐世界，在此兴建阿弥陀堂。其子平忠盛则将宅邸建在离阿弥陀堂极近的地方。据传到了平清盛时代，更是大举兴建豪宅，名为泉殿。平家一门以此为中心，纷纷修建宅邸，如平清盛的弟弟平赖盛的池殿和长子平重盛的小松殿等。据《平家物语》记载，平氏的宅邸大大小小加起来有五千二百余间。

今日，六波罗已找不到任何遗迹可一窥平氏政厅的风采，但仍旧能从六波罗蜜寺一带的地名窥探逝去的平氏时代。池殿町被推测为池大纳言平赖盛的池殿的遗迹。让我们试着根据《平家物

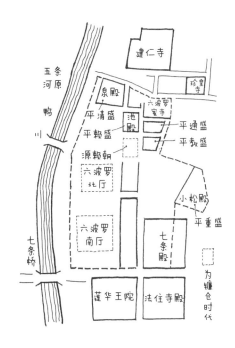

语》来思考一下地名。池殿北边应是平清盛的泉殿，北御门町与南御门殿即为泉殿北门与南门的遗迹。南边的门胁町被推测为平清盛最疼爱的弟弟门胁中纳言平教盛宅邸的遗迹。西边的多门町，据传为通往平氏政厅的正门。门町北边的三盛町，则是平赖盛之子平光盛宅邸的遗迹。而平清盛的女儿德子，即高仓天皇的中宫，在身怀安德天皇时，为祈求平安生产而在六波罗蜜寺供奉地藏王菩萨，因此可断言六波罗蜜寺也是平氏的持佛堂。

西边的弓矢町，据传为师承官衙町造兵司的工人为了向山门僧兵提供兵器而建成的兵工厂。对身为武家政权的平氏政厅而言，也承担着重要军事基地的功能。

我们可以凭借六波罗现存的地名来想象昔日平氏政厅时代的风华。反观日本其他地方，具历史性的地名却遭到任意变更。时至今日，正因京都还保留着许多富含历史意义的地名，我们才可借由这些历史性地名遥想过去，享受体验历史的乐趣。

迁都福原——平安京落幕

"治承四年六月三日，传主上欲行幸福原，京中上下哗然。虽不时耳闻迁都福原，未料岂是今明之际，上下皆惶惧失措。"

这是《平家物语》卷五的序言部分，内容描述了迁都福原的消息传开后，平安京朝野惶恐不安的情形。平清盛于1180年（治承四年）六月将安德天皇、高仓上皇和后白河法皇迁到了平家位于福原（今日神户市兵库区附近）的别墅，定都福原京。其实在治承三年十一月，平清盛一度欲让自己的女儿德子（高仓天皇的中宫）与外孙东宫言仁亲王（后来的安德天皇）移居福原未果。第二年

四月，幼帝安德天皇即位，平清盛以外祖的身份摄政，大权在握，方才厉行迁都。

《平家物语》记载，在此之前虽早有迁都福原的传闻，却没料到突然就要进行。福原的都市规划进行到什么程度完全是个未知数。后来因都市再开发进行的挖掘考察也根本找不到任何当时大型建筑物的遗迹，究竟是否规划为都城规模都是个疑问。因此推想当时应该是将平家族人的宅邸直接充当内里或御所，将天皇安置其中吧。

但是，在此时舍弃拥有四百年辉煌历史的平安京，不啻为是一个正确的决定。只可惜福原

京条件不足，一则土地面积狭窄，一则平家势力已开始走下坡，无法大刀阔斧实施都市规划。被《方丈记》[1]描述为"古都业已荒芜，新都百废待举。"迁都尚不满半年的同年十一月，朝廷又浩浩荡荡还都平安京。此时，奠定武家政权镰仓幕府基础的源赖朝，早已纳镰仓为根据地。平家军随后于富士川之战败北，大势已去的平家时代即将宣告落幕，而平安京的兴复似乎再也没人想起过。

迁都福原的同时，也宣告以律令制维系运作的平安时代终结，武家时代业已揭幕。迁都福原的同一年源赖朝举兵。这一年也就成了另一个以武家政权为中心的都市——镰仓的奠基时期，新时代的曙光降临。

---

1 《方丈记》：镰仓时代初期由鸭长明撰著的随笔。

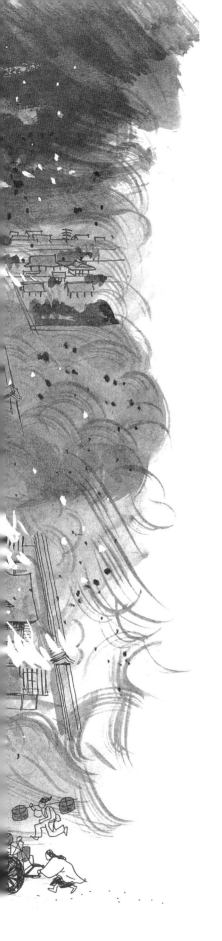

《明月记》的世界

　　隔着京都御所和今出川通、右接同志社大学的冷泉家，现仍保有旧日的公卿宅邸。数年前从冷泉家仓库发现了关于先祖藤原定家的古书记录。藤原定家[1]是《小仓百人一首》的编撰者，有日记《明月记》传世。藤原定家的一生正值古代过渡到中世的动乱不安期，且周旋于王公贵族之间，这本日记可说是翔实记录了京都风貌的变化。其中有这样的记录："在我还年轻的时候，随处可见寺庙堂塔兴建；现在我年纪大了，未再听闻新建工程，耳中所闻尽是寺庙堂塔遭祝融之灾。"

　　定家的感叹，正是向来以支撑庞大律令制自负的平安时代贵族共同的感叹。战争与祝融实为京城日渐荒废的主因。

　　最具代表性的火灾即为人称"太郎烧亡"与"次郎烧亡"的事件。1177 年（安元三年）四月，发生了一起殃及京城三分之一以上区域的大火灾，就连大内里也被烧毁。这场大火发生于五条东京极西南方附近一带，火苗从一处收容病患的小屋子窜出，随着东南风延烧至西北方的大内里。九条兼实的日记《玉叶》就曾记载："大极殿以下，八省院尽毁无一幸免。"

　　庶民将这次大火命名为"太郎烧亡"。次年（治承二年，1178）所发生的火灾由于受灾面积较太郎烧亡小，被命名为"次郎烧亡"。次郎烧亡的受灾区域东起七条通东洞院，西至朱雀大路。

　　自古以来权威在握的朝廷，虽见建筑物焚毁于大火，仍反复投入大内里的重建。镰仓幕府成立之后，虽亦致力于宫殿宅邸的修复及兴建，却不幸在藤原定家晚年的 1227 年（安贞元年）再度发生火灾，天皇居所内里和太郎烧亡中幸存的大内里建筑物皆遭烧毁。然而这次烧毁的大内里再也没有重建，如藤原定家的日记所写："宫城随时光匆匆日渐衰微灭亡，悲哀也。"大内里就此荒芜，成为人们口中的"内野"[2]。平安宫就此灰飞烟灭。

1　藤原定家：歌圣藤原俊成之子，镰仓时期歌人，人称"京极中纳言"。
2　内野：平安京大内里荒废的遗迹。

京童登场——"天下财货皆聚集于此"

眼见象征古代威权的宫殿、神社及寺院皆遭祝融及战火吞噬而逐一消失，藤原定家心中感到无限悲伤，但他也注意到，京都的风貌开始有了极大的转变。

其中之一就是"市"的变化。以大内里为中心的律令体制于平安时代末期日渐式微，东市和西市的功能丧失，人们甚至已经忘记了它们的存在。取而代之，位于西洞院与室町南北端之间的道路，也就是今日新町通与三条、四条、七条等交会处形成三町、四町、七町等"町座"[1]成为热闹的商业区，町座以线性分布的"町"构成商业中心。

藤原定家对当时的京都有如下的描述："有些外墙为土壁的建筑物被称为'土仓'，

是高利贷业者用来堆放抵押品的仓库，其数量多到不可胜数，商业繁盛，国内的财货多聚集于此。"商业区的一角，"乌丸之西、油小路之东、七坊门之南、八坊门之北"，位置大约是今日 JR 京都站北边一带，曾因火灾被烧毁，然而事件发生的隔日，就马上聚集起大批人马着手进行被毁建筑物的重建工程，速度之快令人咋舌。藤原定家生动描述了火灾之后的景象："商人及财主前来慰问灾情，所带来的慰问品堆积如山，多到必须隔着大路以布幔圈出一块特定区域来摆放，这

---

1 町座：都市中聚集商业店铺的区域。

些人同时在此饮酒作乐。"相对于传统贵族文物丧失、尚嗅不出复兴气息的状况，这样的商业区即便惨遭祝融也能够迅速地在隔天展开重建作业，同伴互相勉励打气的情形也令藤原定家感到十分讶异。

原本担任古代文化舵手的贵族丧失了活力，取而代之的是活跃于新商业区被称为"京童"的人们。藤原定家将这群身处古代末期、中世初期这一动乱时局，且勇敢生存的京童的活跃身姿，描述得栩栩如生。正是京童复兴了古代末期动乱的京都，成为新生的町众[1]文化的先驱。

照理说，如果以公地公民制度为原则的律令制能完全发挥功能，京童这类都市居民是不应该出现的。他们既不隶属于任何官署，也非政府认可的平安京居民"京户"的一员，可说是新形态的都市生活者。没落的京户、外来移居者、解放的奴婢等各式各样的人，于各行各业从事着流通、贩卖、制造等工作来营生。

1　町众：室町时代在京都等都市组织营运民间自治体的商人。

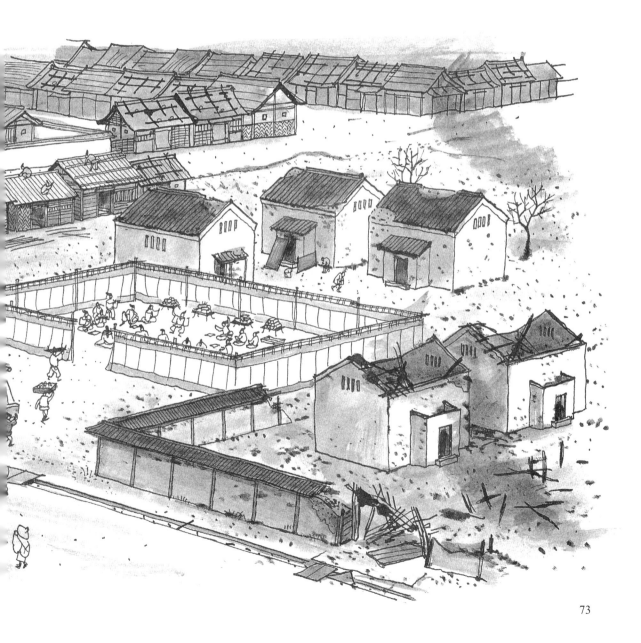

京都与镰仓

平定了古代末期的动乱后，源赖朝将武家政权的根据地设于镰仓，此举改变了京都一直以来在日本列岛中的地位：过去四百年间京都都是独一无二的首都，然而另一个以武家为权力中心的都市却在东国出现了。

镰仓以都市形态发展始自承久之乱（1221），当时正是朝廷势力遭武家势力完全压制，进而由北条泰时执政的时代。与京都的朱雀大路相仿，镰仓以若宫大路为主要干道，并在周边设置官署。在那之前，镰仓仅被视为战争时期军队驻扎的营地，后来则逐渐发展为肩负政治中心职能的都市。

另一方面，镰仓幕府在平安时代末期于原本的平家宅邸京都六波罗设置了"六波罗探题"，就近监视朝廷的势力，并担负与朝廷折冲斡旋的任务。六波罗探题不但是官职名称，也是官署名称，六波罗探题官署西边面朝河床开辟水道引入鸭川之水，其余三面则由种有草地的土墙包围，并设置物见橹（瞭望台）和逆茂木（带刺的树枝做成的木栅）。《太平记》记载："驻守中国北方边境的城楼大概就是这个样子吧。"

所谓的"都"原本指帝王，也是统治者的宫殿所在地，亦即权威及权力的集中地。观察作为古代日本建都范本的中国长安及后来的北京，会发现它不论宫城还是城市整体皆为城墙包围，不愧是权威和权力交迭之处，可说是壮大宏伟极尽奢华之能事。若将今日的京都御所与北京故宫、桂离宫、修学院离宫与北京郊外的颐和园相比较，便能明显感受到日本与中国建筑的差异。平安京原本是基于中国都城的规划理念建成的，但像前面讲到的，并没有建成墙，后来的里内里更是将宫殿移到了宫城之外，城市面貌逐渐产生了变化。而且，镰仓幕府的出现使京都丧失了统治实权，京都与镰仓各自象征着宫廷的政治权威与幕府的统治权力，二者分离正是镰仓时代的特色。若以中国或欧洲的王国来比喻，就好比是同一个国家同时存在两个国王及两个首都一样，这不是非常奇妙吗？

在日本，同时拥有政治权威与统治权力的，只有飞鸟时代末期的天武天皇及平安时代初期的桓武天皇等为数不多的统治者。实际上，平安时代中的大半时间都由摄关家掌握实权，只是因为

摄关是最亲近天皇的有权人士，使得权威与权力两相分离的情形较不明显而已。

象征天皇权威的京都与象征将军权力的镰仓两都分立的形态确定后，两城之间开始修筑道路，并频繁互派使节往来。镰仓幕府一方面为了向朝廷展现威信，另一方面为了增强镰仓区域的警备，让东国武士在守备时皆面向京都。为了寻求幕府的裁决，由西国前往镰仓兴讼的人们也开始往返两地。商人更是频繁往返京都与镰仓之间。阿佛尼[1]得以写成纪行文学《十六夜日记》，也是拜两都道路修筑所赐，因为修筑道路使女性也可以完成个人长途旅行。东与西的广泛交流，对双方的生活及文化产生了莫大的影响。

---

1 阿佛尼：镰仓时代中期的女歌人。

僧兵

镰仓佛教——发愿救济庶民

　　"山门[1]日渐衰落，除十二禅众[2]之外，便少有长居于此的僧侣。且各山谷僧院的经讲业已磨灭，各殿行法也多所荒废，修学之窗既闭，坐禅之床亦空。"

　　这是《平家物语》第二卷描述的平安时代末期延历寺的景象。延历寺乃平安京的一项建设，是"王城镇护"（保卫都城）的道场，即所谓的

"学问寺"，就像今日的综合大学是研习学问的场所一样，只是延历寺最后并未发挥研究及教育机关应有的功能。延历寺以"东塔""西塔""横川"三塔为起点，并在各山谷之间营建僧房，数量达十六山谷、三千僧房，各山谷僧房相互对立轮流抗争。僧侣分别与专注做学问的学僧及负责寺院杂务的大众[3]抗争。其中更以寺院大众为甚，他们

1　山门：此处代指比叡山延历寺。
2　十二禅众：在比叡山法华三昧堂修行"常行三昧"的十二个僧人。
3　大众：这里指比丘集团，多数僧侣、众徒。

在诸国庄园间广泛地活动。此外，僧兵以延历寺山门内作为集合根据地，与属于寺门[1]的园城寺、石清水社、兴福寺相互对立，极尽横暴之能事。

法然见到佛教如此混乱，便发愿以救济民众为职志，开创新的佛教教派。他认为"若必须以造佛像、建佛塔的方式来普度众生，那无异切断贫穷困乏或身份低微的人转生极乐净土之路"，"现世更应回归到佛陀涅槃的本质，唤起平等众生的慈悲，一心念佛至心信乐以达本愿"，主张回归原始佛教，民众救济口唱佛号。这就是净土宗。

紧接着，亲鸾的净土真宗（一向宗）、一遍的时宗、荣西的临济宗、道元的曹洞宗、日莲的法华宗等宗派相继诞生，统称为"镰仓佛教"。这些新宗派的开山始祖在比叡山潜心修行，并超越比叡山开创了新形态的教派。尽管创始于比叡山的新佛教时而遭受传统佛教及当权者的迫害，但信众却逐日增加。

---

1 寺门：天台宗分裂为山门派与寺门派，僧兵主力各为山门的延历寺与寺门的园城寺。

佛教新教派出现

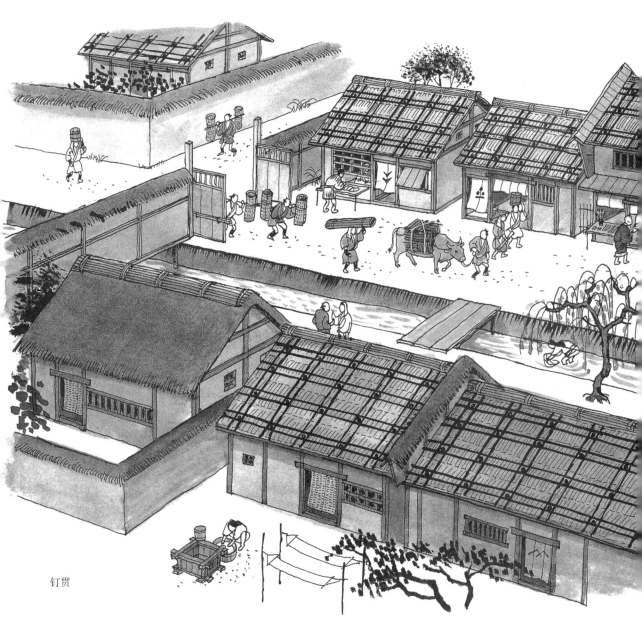

钉贯

钉贯与篱屋

    京都三小桥西边有家叫作"钉贯屋"的旅馆，直到近几年都还能看到画着很大的钳夹式起钉器的广告牌吊挂在檐前。有许多人以为钉贯屋的名称由来，是原本经营贩卖起钉器的商家转型成旅馆，直接承袭了原本的店号。但事实并非如此，其实是因为这里过去是一个町的木户（栅门）所在，而町门在当时被称为"钉贯"。

    所谓钉贯，就是贯穿在古时名为"杭"的横木

之间的一种栅门。"杭"指的是两根支柱，横木则贯通支柱上方，支柱下方装有对开的门，这种门就叫作"钉贯门"。中世之后，连同没有门板的简单栅门也都称为钉贯，是町的治安防御设施。钉贯屋旅馆的所在地正好位于近代某町的木户口（栅门口），此地设有钉贯才是这家旅馆名称的由来。近世京町的居民为保身家性命，会在町设置木门及钉贯。

    中世时，幕府为改善治安还在京都设置了一

种名为"篝屋"的机构，主要负责京中区域的警备，在京武士需在交班时于夜间焚烧篝火。1335年（建武二年），著名的"二条河原落书[1]"曾记载："町内篝屋林立。"镰仓时代末期，京内的篝屋多达四十八所。

系统性设置篝屋的政策从第四代将军藤原赖经上京之后的1238年（历仁元年）开始实施，钉贯也约莫发展于同一时期。篝屋是镰仓幕府当权者设计的一种治安对策，与此相对，钉贯则更像一种各地居民自发建立的机制。

镰仓时代末期，各地反幕府运动相继展开，导致负责守护京都安全的六波罗探题势力逐渐削弱，町内的居民不得不自我防卫，钉贯机制正是该时空背景的表征。尔后历经日本南北朝时代和室町时代，钉贯的功能更显重要，钉贯机制使町众团结一致守望相助，对自身财力也更有了自信。

---

1 落书：批判政治社会现象的匿名文书，通常散落或张贴在容易引起人注意的地方。

篝屋

二条河原落书

身处政权中心的镰仓幕府内部逐渐出现矛盾。当初的合议制到了北氏势力继承者得宗当权时，变成所有权力与幕府中枢全由得宗掌握运作，于是开始有人发出质疑。

镰仓幕府主从关系的基础是主上的"御恩"和下属的"奉公"。但在蒙古来袭的文永之役（1274）和弘安之役（1281）后，已无恩赐的土地可供分配，自然导致御家人（家臣）对幕府产生不满。

而京都朝廷方面则梦想王政复古，在此风潮之下，后醍醐天皇计划的倒幕行动渐渐为人所接受。为了摧毁朝廷的势力，幕府方面原本派出大将足利尊氏前往平乱，但由于足利尊氏倒戈，使得镰仓幕府走上灭亡之路。1333 年（元弘三年），建武政权正式成立。

后醍醐天皇在鸭川附近的二条富小路设立政厅，以醍醐、村上天皇的治世为目标，天皇亲政为理想，开展建武新政。后醍醐天皇充满自信，事事以自我为中心，完全无视先例，以"朕之新仪为未来之先例"，但终究无法改变时代的潮流。当时已不是贵族政治时代，而是武家政治时代，以御恩和奉公决定土地所有权等已成为习惯，后醍醐天皇却推行一连串无视于此的政策，使得武士阶层爆发不满。甚至，朝廷官员中也有人对建武新政出现反弹情绪。这些反弹就表现在著名的二条河原落书中，这件事情也记录在《建武记》。

1334 年（建武元年），在紧邻二条富小路政厅的鸭川二条河原处立了一块板子，上书"近来京城流行者，夜讨强盗假官令，召人快马空骚动"等八十八行文字，内容是在批判新政府、讽刺社会乱象。文辞呈七五调，意在模仿平安时代末期流行的"今样"[1]歌谣，在当时社会成为震撼性的话题。其中如"京童口中所唱者，仅近十分之一矣"，首次借用京都平民和京童之口，表达批判之意。值得注意的是，这落书竖立在紧邻天皇居所的二条河原，说明在当时，河原可能是公权力难以触及的特别空间。

落书写出种种社会怪象，如僧侣在天皇近侧谄媚奉迎、陷害他人；新设的判决机构由无能之人主持；不谙宫廷文化的人突然变得尊贵，时常进出宫中等等。作者观察敏锐细微，应该不是一般庶民或武士，而是知识分子。最后一句"天下一统难成就"，表现出强烈尖锐的京童批判精神。这个预测完全应验，新政权维持不到三年就瓦解了，接掌实权的是东国武士团的首领足利尊氏。

1　今样：日本平安时代中后期开始流行的歌谣形式，原意为"时下盛行的风格"，起初多为民间艺人表演传唱，歌词也主要表现下层百姓的生活，后来也被上流社会接受。——编者注

花之御所

　　1336年（建武三年），足利尊氏驱逐后醍醐天皇的军队，重回京都，制定新的政治方针"建武式目"，并诏告天下。此即室町幕府的成立，新政权取代天皇亲政，再度由武士执政。然而，后醍醐天皇立刻悄悄逃往吉野，反对新即位的光明天皇，采取与幕府对峙的态度。

　　人们称后醍醐天皇政权为南朝，幕府政权为北朝，往后的南北朝争斗持续了五十多年。

　　南北朝的动乱，不仅来自两个朝廷之间的争斗，也来自幕府内的分裂与对决，体现为双方武将不断倒戈争战等一连串的复杂过程。因此，京都经常成为战场。《太平记》第三十三卷记载："二十余年来，天下处于兵乱，不仅禁里、仙洞、竹苑、枡房（皇后住所），公卿、殿上、诸司、百官的房宅也多遭焚毁，存者仅十之二三，……除了京白川武士宅邸，庶民房舍一间不存。"这是记述1355年（文和四年），南北二军以京都为战场，展开激烈争战后的情景。

　　继终日埋首争战的祖父尊氏、父亲义诠之后，

年仅十岁的足利义满在1368年（应安元年）即位为第三代将军。依照足利义诠的遗言，由细川赖之以管领之衔辅佐足利义满。这个时期，楠木正成的第三子、南朝重臣楠木正仪也归顺北朝，南朝势力顿时衰退。《太平记》记载这个时代是"中夏无为（京都太平）之世，为世人庆贺之事"。

足利义满与细川赖之为了充实内政、提升幕府权威、集权力于将军一身，开始设置相关机构。其中一项，就是在现今上京区同志社大学今出川校区附近建造新的政厅兼将军宅邸。

现在室町今出川的角落还竖立着一块石碑，上书"自此东北为室町幕府旧址"。由于挖掘调查还未

完全进行，整个情形尚未确定，但预估新宅邸东西从乌丸通到室町通，南北自今出川通至上利通，占地东西一町、南北二町，面积广大，其中心地点是崇光上皇的御所旧址。御所是由足利义诠买下献给上皇的，但1377年（永和三年）发生大火，只留下灾后残迹。

将军的新宅邸在1381年（永德元年）完成，由于位于室町通，被称为"室町殿"或"室町第"。宅邸中引入鸭川河水，作成一町四方的池塘。据说池塘周围种满各种四季花木，一年之中都花团锦簇。因为这个美丽的庭园，室町殿也有"花之御所"之称。此外，由于足利义满的花之御所位于室町，"室町幕府""室町时代"也渐渐成为普遍说法。

花之御所完成之后，足利义满在永德二年开始建造禅寺——相国寺。1399年（应永六年）完成一座高达三十六丈（约109米）的七重塔，比平安时代末期白河天皇所建的法胜寺九重塔还高出30米，向天下展示着将军的权威。

83

金阁与银阁

提到室町时代的代表性建筑，相信所有人都会想到金阁寺和银阁寺。

1397 年（应永四年），第三代将军足利义满在衣笠山东麓建造北山殿，在其一角建了一座舍利殿——金阁，这就是金阁寺名称的由来。足利义满出家后，将花之御所让给儿子足利义持，并以北山殿作为后来的居所。足利义满死后，这座建筑物改为寺院菩提所，后来命名为"鹿苑寺"，但人们一般还是称之"金阁寺"。

北山殿除了"铺玉贴金建造"的舍利殿金阁之外，还有作为护摩殿的寺院建筑、承自平安时代传统的寝殿造公卿之间，以及如会客厅般的武家屋敷等建筑。

粘贴金箔的金阁是一座三层建筑，据说以足利义满经常前往修禅的洛西西芳寺为蓝本建造。第一、二层为寝殿造样式，第三层是中国风的禅宗样式佛堂。第一、二层面积较大，第三层缩成面宽三间的正方形平面。屋顶是几条屋脊在中心收拢的攒尖顶样式，称为"宝形造"，宝顶处有一座镀金的铜制凤凰像。金阁长期以来并未受到战乱与大火的波及，一直保留到二战后。然而 1950 年（昭和二十五年）遭纵火烧毁，但旋即重建恢复原状。

金阁完成后约半世纪，第八代

金阁

85

将军足利义政兴建东山殿，其中有一座贴银箔的观音殿，即俗称的"银阁寺"。足利义政逝世后，这座建筑改名为"慈照寺"。经过1558年（永禄元年）的战火摧残后，义政时代仅存的建筑物就只剩下这座又名银阁寺的观音殿以及持佛堂的东求堂了。据说当时还有泉殿、会所、常御所、大台所、对屋、东侧净土寺山腰的西指庵和山上亭等建筑，皆以西芳寺为蓝图修建。由

此可见，其中当然有和金阁互别苗头的意味。

不论金阁还是银阁的兴建，都立基于将军的权势。但是两位将军的境遇却南辕北辙。足利义满建造的金阁，是给权力与威势兼具者居住的宫殿，而非隐居处所。当时的记录称"后小松天皇成为义满的养子"，可见足利义满似乎成了为所欲为的"上皇"或"法皇"。在往生者名册及灵位中，足利义满被冠以"鹿苑院太上天皇"或

银阁

"鹿苑院太上法皇"的事实，早已广为人知。

相对于此，足利义政的实权早已被母亲日野重子、妻子日野富子，以及重臣斯波氏、细川氏、山名氏剥夺。因此东山殿可说是他的隐居处所。足利义政逃离政治世界，耽溺在绘画和庭园造景（搭配石木水池设计庭园）等艺术世界之中。

在文化层面上，金阁和银阁也具有对比性。可分为在义满时期达到鼎盛期的北山文化，以及在义政时期达到顶峰的东山文化。从北山殿的建筑可知，北山文化的特色是融合公卿文化与新兴武家文化。而东山文化是在公卿文化与武家所代表的传统文化中，加入由五山僧侣传入的中国宋朝文化，以及因为商业活动的经济势力而发展出的庶民文化一起融合形成。此外，金阁呈现寝殿造风格，银阁则为书院造风格，也表现出当时住宅样式的改变。

应仁·文明之乱

从应仁元年到文明九年（1467—1477）整整十一年间，以京都为中心蔓延到全国的纷乱，被称为"应仁·文明之乱"。《应仁记》便是以此为题材撰写的战争记事。该记事在最后写道："虽谓治乱兴亡自古习之，然应仁之一乱者，王法佛法，均破坏灭亡矣。"并以一首和歌作结："汝可知／京城荒野边／暮色中的云雀呀／见汝入夕空／已然双泪垂"。这首诗很有名，表现京城变成焦野，人们心酸悲叹的情状。应仁·文明之乱通称为"应仁之乱"，以上京区为中心，三分之一的京都均烧毁于战火中。

可以说担任管领[1]职位的畠山氏争权夺利，是造成战乱的直接原因。之后，另一位管领雄之细

川氏也加入争权。同时，为了争夺将军足利义政的继承人之位，各自拥立将军之弟足利义视和长子足利义尚的家臣相互对立抗衡。这些发展使得情势异常复杂。在此种情况中，又发生了六代将军足利义教在家臣赤松满佑的宅邸遇害惨死的事件，直接削弱了幕府威权，增长了守护大名的势力，进而形成各地群雄割据的局面。东军的细川胜元一占据幕府，西军的山名宗全就立刻在区隔幕府、细川官邸和堀川的一条大宫附近布阵，把大街小巷全都挖成壕沟，加强巩固战备。尔后，山名宗全阵营一带便通称为"西阵"。

战乱发生后，人们开始离京避难。公卿及名僧为避兵焚而逃离京都，可说是应仁之乱的特

1　管领：室町幕府的一种职称，原名"执事"，负责辅佐将军管理和支配领地。

征。时任关白的一条兼良前往奈良，依靠兴福寺当僧侣的儿子一条寻尊；前关白一条教房则前往领地土佐幡多。一条教房的根据地位于现在的高知县中村市，他在此兴建了一个以京都为范本的城镇。这就是由公卿主导建设的小京都。在市区汇流的四万十川和后川，就如同京都的高野川和鸭川，且当地东、北、西三面环山，南面平坦开阔，和京都的地形有异曲同工之妙。后来，这个家族成为战国时代的地方大诸侯。

有名的一休和尚逃往现在京都府田边町一带的南山城地区。广为人知的五山诗僧横川景三与桃源瑞仙逃向近江地区，在横渡湖面前往湖东的永源寺途中，还遭遇盗贼侵袭。此外，飞鸟井雅亲则疏散到近江的甲贺、柏木地区，在湖东三山的百济寺和金刚轮寺设置球庭，教导僧侣踢蹴鞠。

公卿与僧侣移居地方城市的情形，在日本文化史上具有跨时代的意义。这些既不会武术也不懂农耕的逃难者中，有不少人只能依靠在京城中学得的知识维持生计。雏祭（女儿节）、端午节和七夕等从中国传入、只在宫中举行的节庆仪式，也因此有了庶民化的契机。换言之，这种情形造就了宫廷文化的大众化，增加地方民众接触原本专属于知识分子的汉诗、和歌等艺术的机会。应仁之乱使得知识分子移住地方，促进了中央与地方之间积极的文化交流。

许多织布裁缝师也移居到地方，并在此习得从海外传进的新技术。战乱后搬回京都的纺织匠人，在原东阵营地的白云村组成"练贯座"，缝织绢绸。据说在原西阵营地的"大舍人座"缝织的斜纹绫织，就是日后"西阵织"的起源。

町的围篱——町众自我保卫

　　许多民众为了躲避应仁之乱后的战国动乱而逃离京都，但是选择留下的人也不在少数。京都市区分成了武家公卿官邸和寺院神社林立、具政治中心性质的"上京"，以及以鉾町为中心、提供祇园祭庆典用车的商业区"下京"。上京与下京借由纵贯南北的室町通相连。为了在失序的乱世中存活，面对纵火、掠夺的威胁，民众被迫自行保卫自家的生命财产安全。

灵构等等。当然，构并非专属于町，不论是皇宫里的御所和公卿武士官邸周围，还是近郊的村庄也都有架设。在这些地方，也会先设置钉贯和栏栅并配置守门员警戒，再在周围掘渠、架设刺木栅栏和兴筑土墙形成构。

更有趣的是，连公卿也会协助建设町郭。这在山科言继（位居正二位的权大纳言）的日记《言继卿记》中有所记录。1527年（大永七年），山科言继为了防范士兵入侵自宅所在的禁六町，就在町口处构筑町郭，并提供十枝竹子和酒给协助者。由此可知，乱世之际，布衣和公卿会共同合作整顿地区生活。

这个时期，透过山科言继这类居住在町内的公卿口传，开始使用起"町众"这个名词。町众和公卿为了地区的生活同心协力，努力保护町，这种团结力量促成了祇园祭等町众文化的诞生。

为了自卫和自治而集结在一起的町众造就了町，光上京就产生了一百二十个町。在元龟年间（1570—1573），由町组成的町组，上京有五组，下京也有五组。以上、下京为单位的町组总称为"总町"，总町由各町组选出的耆老共同管理。在上京和下京设有各自的"总构"，上京的中心在革堂，下京的中心在六角堂，作为总町的集会会所。当町发生危急时，便敲响钟声警告整个总町内的居民。京都因这种结构而发生了极大的转变。

定都平安京以来实行的"一町四方"生活单位也面临重大挑战。町仍然是居住单位，但从先前条坊制的町，变成隔街相对望的两侧房舍形成的町。为了自卫，每个町都在道路两侧设置了町口栏栅——钉贯，甚至还以刺木或竹子围成名为"构"的围栏，构筑成沟渠围绕的"町郭"。

根据古代记录可知，上京的构包括实相院构、白云构、田中构、柳原构、赞州构、御所东构、山名构、伏见殿构、北小路构、武卫构、御

町堂与町众

应仁之乱将京都盆地分割成东西两个阵营，各自布阵。其间战火绵延，导致城内城外大半的建筑都被破坏。庐山寺、青莲院、圣护院、珍皇寺、仁和寺等等，遭战火波及的大寺院就有数十座。自古传承的寺院神社大多被烧毁殆尽，只有千本释迦堂、六波罗蜜寺、八坂的法观寺、北野神社、东寺等寺庙的主建筑得以残存。

被烧毁的寺庙中，清水寺仰赖布施居士，一点一滴募集捐款资金，才得以重建。而自古凭借贵族力量来维持的寺院，大多自此荒芜，直到近世才得以兴复。

而与此相对，熬过战乱的町众则代替贵族振衰起蔽，竭尽全力重建荒芜的京都。此时，新兴宗教信仰在他们之间流传。聚集着京城庶民信仰的"町堂"，取代了象征古代权威的寺院，如雨后春笋般出现在市井之中。留存至今的革堂（行愿寺）、六角堂（顶法寺）、因幡药师堂（平等寺）等，便是当时蓬勃发展的代表性町堂。

町堂内祭拜的佛像大多是观音、药师和地藏菩萨。兴之所至，町众便在町堂聚会。町堂不仅是祈祷现世利益的场所，也是在乱世中得以据守自治的集会地点。

应仁之乱发生前，京城各地即已兴建町堂。由一遍上人设立的"时宗道场"就是其一。被称为"时众"的信众，成立七道场（金光寺）、大炊道场（闻名寺）、四道场（金莲寺）等据点，除了边舞蹈边念佛外，还在忘我的集体性宗教催眠气氛中，祈祷发愿前往西方极乐世界。

以往的大寺院是为了替有权者拜神祈福而建，但町堂则借由庶民的力量建造营运。经由这种转变，町众虽然饱受战火摧残，却依然能源源不断地集聚能量，"我们的街区（町）"这种地域共同体意识因而萌芽。町堂是京都市民文化的推手，与町众文化的兴起密不可分。

当时，日莲上人阐扬的法华宗，否定现实世界的既有权力结构，期待世间出现理想的世界——"释尊御领"，逐渐形成了一种"皆法华圈"的氛围。在京都，日莲的弟子日像传授法华的理想和现世利益的教义，深植于京都町众的心中。为了在战国乱世存活下去，法华的理想成为能和这些围筑了"町构"以期自保自守的町众心理相结合的理念。京都兴建为数众多的法华宗寺院，寺院周围也采用了挖沟渠、筑土墙等防御系统。1532 年（天文元年）的"法华一揆"之乱，甚至有三四千下京上京的日莲町人共聚六条本国寺。

战国时期的国民议会——国一揆

如同当时的文献所说，"京中三分之二掘成了大壕沟"，在战国时代的动乱中，京都城内为了自保而崛起的町，大幅改变了过去的町坊形态。人们在南山城、大和及近江的村落，形成了挖掘壕沟、筑起土居的环壕聚落"垣内"。村落中的自治组织非常发达，称为"总"。村民以守护森林和村堂为主要任务，有着坚定的信仰并团结一致。在近江的菅浦和今堀等聚落，还留有记载这类自治团体活动的官方记录。

"总"并未仅止于"总村"的形态，还进一步形成了地域的联盟，称为"总村联合"。例如京都盆地东部东山外的山科地区，就有七个乡的乡民联合起来，定期举办野外会议（称为"野寄合"）以示团结。总村联合先进扩大，形成了"总国一揆"。"一揆"到了江户时代特指农民为反抗领主结成的集体势力，但在此表示"汇揆为一"，亦即横向联结起来的纽带。"山城国一揆"始于1485年（文明十七年），参与者自立"总国"，并于1486年二月，在宇治平等院集会。

总国除了制定自治的"国中掟法"，禁止领主介入，还自行行使警察及审判权，这就是所谓的"山城国万众一心"。其中最具代表性的政策就是每月定下"总国行事"的时间按规定运作。明治末期，创设京都大学历史系的历史学家三浦周行教授，将这种自治性的集会称为"战国时代的国民议会"。曾经是平安贵族醉心的极乐净土宇治平等院，此时得以发挥新功用，成为民众聚会的"国民议会堂"。

由山城国一揆创立的"自治国"只有八年寿命，1493年（明应二年）重新被纳入了新的管理

机构。然而山城国一揆的影响已经波及各地，在京城西侧的西冈也兴起了国民议会的风潮。全国范围内陆续出现了丹波国一揆、摄津国一揆、河内国一揆、和泉国一揆等组织，自治活动在各地兴起。虽然运作时间都很短暂，但这种民众运动所展现的自治和自卫力量，其意义不容忽视。

16世纪中叶，根据活跃在天文至永禄年间的伊贺总国一揆所制定的律法记载，遭逢他国攻击时，民众需万众一心、共同防卫。末尾第十一条明记："伊贺国的防卫已准备妥当。铃鹿山另一侧、出身邻国甲贺的战国武士自治联盟'郡中总'提出了联合防备的请求。因此将在国境铃鹿山顶附近召开野外集会。"显示是在记录面对战国武将的攻击，总国联合对抗的状况。向来被称为"纵向社会"的日本，在中世末期的动乱中，出现了横向联结、结盟的动向，其影响力不可小觑。

95

山科寺内町

搭乘新干线从京都站向东出发，穿过东山隧道便可自西向东横越山科盆地。此时仔细注视窗外，在高层公寓群旁，应可见茂密繁盛的绿色山丘、小溪及大型寺院的屋瓦。这绿色山丘和小溪，就是中世末期盛极一时的"山科寺内町"周围的土居和壕沟遗址。

1478年（文明十年），净土真宗（一向宗）开始在盆地中央偏西的位置，也就是当时的山城国宇治郡内野村，兴建本愿寺。重建本愿寺一直是自从1465年（宽正六年）比叡山山门信徒破坏了京都盆地东侧的大谷寺院和住宅后，信众念兹在兹的愿望。由本愿寺中兴之祖莲如指挥兴建，于1480年（文明十二年）岁末，完成了最主要的建筑御影堂。

山科寺内町是一个以本愿寺为中心发展而成的町镇。整体可分成三大"郭"，各自以土垒和沟渠划分，具有对抗外来攻击的防御力。整座町环绕着壕沟与土居，是个如同要塞般的町镇。第一郭称为"御本寺"，包括御影堂、阿弥陀堂、寝殿等本愿寺的主要建筑物。第二郭称为"内寺内"，据说是本愿寺运筹工作者的居住区。第三郭称为"外寺内"，其中兴建了许多本愿寺门徒的住所，也有画匠以及贩卖糕饼、盐、酒、鱼等商品的商人穿插居住其间。建设寺内町的莲如的墓碑留存在第三郭，其附近被称为"山科大手先町"，可知该处即是寺内町的正面。

当年，位于大谷的寺庙住居遭破坏后，莲如逃往近江的坚田地区。不久，便开始在加贺与越

前两国边境的吉崎地区兴建寺内町，并持续积极从事弘法活动。到了文明十年，为了重建本愿寺和寺内町，莲如回到暌违十三年的京都附近的山科盆地。山科盆地面朝从东国和北陆前往京都的要道。

莲如在吉崎地方兴建的寺社就是寺内町的雏形。当时要抵抗来自反对"一向宗"的势力的攻击，就必须驻屯众多的佣兵来保卫寺院。吉崎寺内町就如同一座前线军团都市，他们活用在吉崎寺内町的经验，于山科建造了一座环绕壕沟的要塞型都市。

来自近江、畿内以及加贺、能登、越中等地的门徒，支撑着寺内町的建设工程及防御工作。他们被统称为"番众"，轮番前往山科更替执行防卫本愿寺的任务。前往山科被称为"上京"，而留滞于山科则称为"在京"。对地方门徒而言，

本愿寺所在的山科，占据着他们心目中本愿寺佛法王国的首都地位。

山科寺内町兴建约十年后的 1488 年（长享二年），以"吉崎御坊"为根据地的本愿寺教团，继加贺一国之后筹组"一向一揆"，终于以武力放逐了担任加贺守护大名的富樫政亲。从此，加贺成为"百姓拥有之国"。事实上，加贺的年贡钱粮陆续运向山科本愿寺，使得寺内町更加繁荣。公卿鹫尾隆康曾于 1532 年（天文元年）留下记载山科寺内町景象的文字："庄严宛如佛国。"比起历经应仁·文明之乱而残破不堪的京都，在一座东山之隔的山科盆地建设的寺内町，是一个根据佛法戒律来运作保护、处罚等规定的理想世界，是一个能够令人陶醉于"佛法领域"的地方。

然而就在被记录为"宛如佛国"的这一年，山科寺内町在近江守护大名六角定赖及日莲信众的攻击下烧毁殆尽，仅五十年的历史就此落幕，本愿寺也就此迁移至石山（今大阪城附近）。

南蛮寺

　　我们通常用"三国传来"这个说法来描述佛教文化传入日本的路径。三国指的是天竺（印度）、唐土（中国）和朝鲜。对当时的日本人而言，外国指的就是这三个国家。然而，在 16 世纪中叶，却发生了极具冲击性的事件。1543 年（天文十二

年）八月，载着葡萄牙人的葡萄牙船只漂流到种子岛；天文十八年，耶稣会传教士沙勿略（Francis Xavier）为了传教来到日本，翌年秋天他越过堺[1]，到访京都。这是京都第一次与西方人接触。

　　传教活动开始于北九州岛，1551 年（天文

在无法确保有足够用地兴建其他修道院的情况下，只好寄望于建构圣堂的二层和三层。结果，下京的居民对此圣堂的建设提出反对意见："一、如果圣堂修了二层和三层，信长兴建的建筑就会显得比圣堂还低矮简陋。二、未曾有将僧侣住居建于寺院之上的习惯。三、僧侣从上望下来，将使得附近姑娘、妇人无法走出庭院。"但是据说织田信长的亲信，掌管京都民政事务的村井贞胜表示"应于建筑起建前申请"，并答复："京都城中除了本座圣堂外，另有三四层的高层建物，织田信长并未在意。就第三点而言，将要求在窗外设露台，使其无法直接下看庭院，只能眺望屋顶或远景。"

相传狩野元秀描绘的《洛中洛外名所扇面图》中有一幅《南蛮楼之图》。成为南蛮寺中心的天主堂，是一座如小型天守阁般的和式三层建筑物。同年，由织田信长兴建并成为日后城郭建筑基础典范的安土城完工，或许，南蛮寺反倒成为兴建城中天守阁的蓝图。无论如何，这座洋溢着异国风情的圣堂在当时确实非常新奇，成为京都的新名胜，汇集了许多参观人潮。南蛮寺彰显出基督教徒的存在。

可惜的是，再次统一天下的丰臣秀吉，于1587 年（天正十五年）颁布《伴天连追放令》，使得这座寺院连同关西、肥前地区的五十三座南蛮寺，均遭受拆毁的命运。

1973 年，同志社大学文学部在推定为南蛮寺遗址的姥柳町进行挖掘调查，发现了可能是中门大柱的遗迹，以及像是寝间厨房遗迹的石板地。经由这项结果，得以大致推测出天主堂的位置，现已有民房搭建其上。出土遗物中，包含了一块长 12 厘米、宽 7 厘米的石制砚台，砚台背面以细线刻画了两个行礼如仪的人物。根据挖掘到石砚的森浩一解释，图案描绘的是戴着眼镜的司祭和侍从。这是首次经由挖掘工作发现日本基督教的风俗。

二十年），南蛮寺（教堂）已出现在山口境内了。京都的第一座南蛮寺始建于 1569 年（永禄十二年），织田信长允许传教士路易斯·弗洛伊斯（Luís Fróis）在今中京区蛸药师通室町西入口的姥柳町修建住所。虽然当时还是足利义昭将军的时代，但是信长挟强大军事力压制京都，足利家早已不再拥有实权。

1576 年（天正四年），在信长的支持下，这座南蛮寺得以重新翻建。根据弗洛伊斯的记录，由于无论出价金额多高，周围地主都不愿卖地，

新形态艺能的诞生

中世末期，真可谓"疾风怒涛"的时代。当时为了自卫与自治，出现了新形态的村町，加由新兴宗教的萌芽，孕育出了新思想，进而发展出崭新而盛况空前的独特文化。

其中，"书院造"[1]的诞生和"枯山水"[2]庭园造景的完成，对日本建筑影响至巨。装饰住宅内部的挂轴、袄绘[3]、插花、工艺品等生活文化的基本雏形也在此时齐备。在近代西方建筑传入之前，这个时代的建筑构筑了日本住居空间的基础。

从画家雪舟开始，水墨画盛况空前，影响一直延续到江户时代末期。其中，成为纸门、墙壁等障壁画范本的狩野派，就在这个时期诞生。茶

---

1 书院造：由寝殿造逐渐发展而成，在建筑物内部增加书院、棚（违棚）、床（龛）这三种配置。
2 枯山水：一般指在铺地沙子表面画出纹路来表现水的流动，再叠放一些石块的日本式园林景观。
3 袄绘：隔间板绘饰。

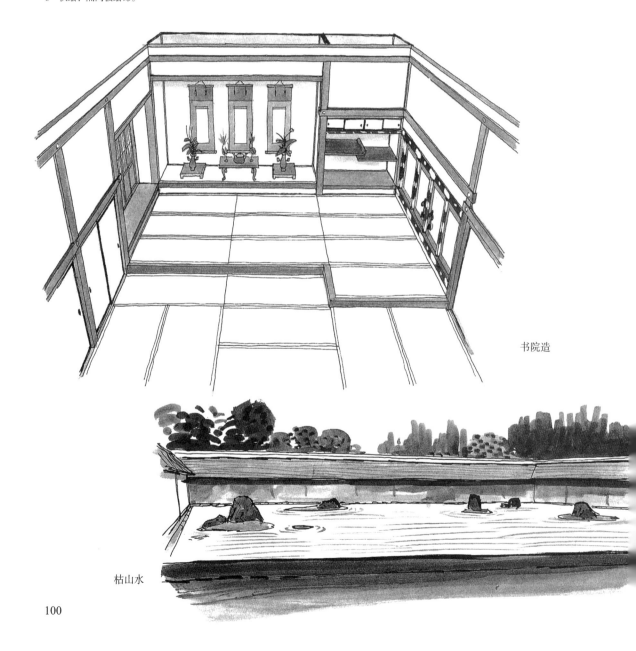

书院造

枯山水

道与花道也在此时期奠立基础。室町时代可说是现代日本传统文化的滥觞，无人可以忽视，在艺能领域的表现也不例外。

日本传统艺能的两大代表"能"和"狂言"，就在这个时期成形。来自大和的父子观阿弥和世阿弥将原来的"猿乐"升华成具有高度艺术性的能，在此之前，能充其量也只是寺社祭祀时在神前展示歌舞余兴的一种杂技而已。

能起源于古代飞鸟时期从大唐传来日本的"散乐"，是指"雅乐"表演结束后附带演出的曲艺或杂技。平安时代称之为"猿乐"，有人靠这种表演谋生。

镰仓时代，在原本只是杂技的艺能中添加故事性，并配合歌舞，被称为"猿乐能"。同时期，据说还有起源于田耕祭祀的"田乐能"，以及源自宫廷艺能的"延年能"等。观阿弥、世阿弥以这些能为基础，竭尽所能地加上白拍子、曲舞等既有的表演艺术，终于完成了猿乐能。这就是现代所谓的能乐。由于世阿弥深受足利义满的宠幸，将军家的庇护对能乐的形成和发扬光大起到了关

能

键作用。

　　和能成套演出的是狂言。狂言将散乐中滑稽的部分独立出来，内容兼具反权力及讽刺的特性，其特有的即兴和滑稽深得大众的喜爱，自成一格并具独特地位。而由于这种反权力及讽刺性，有时也遭到禁演，但从观阿弥的时代开始，狂言就穿插在能之间演出。

　　观阿弥、世阿弥父子的出现，提高了人们对能的评价，从事专业演出的艺人受到武士政权和大寺院的保护与赞助，在艺能领域百花齐放。

　　同一时期，京都出现了名为"手猿乐"的业余艺能团体。其中，除了自古以来就居无定所的杂耍艺人外，还加入了具经济力、身为新京都市民文化舵手的町众。他们逐渐对歌舞产生兴趣，仅仅观看专业团体的演出已不能获得满足，反而乐于粉墨登场，表演业余秀自娱，其中也有不少人因反复表演而成为艺人。

　　当时京都流行"女猿乐"，团中仅有女演员的"猿乐一座"曾经有公演记录。足利义政时期首次有女猿乐记录。至于江户初期1603年（庆长八年），由出云阿国首次在京都演出的歌舞伎，也深受猿乐能的影响。在所有艺人演员

中，狂言师占有极重要的地位。同时以女性为中心的角色分配，也深受女猿乐的影响。

　　室町时代是一个独特艺能高度发展的时代，支持这些成就的"散所"民众功不可没。所谓的"散所"[1]，是和"本所"[2]相对应的称呼。在全面实施"班田制"的律令体制下，每位民众理应都住在固定住所。然而，逃避课税、兵役而不登记户籍的游民增加，他们以道路、河原、寺社境内为家，这些地点就叫散所。到了中世以后，连原本居住在这些地方的人也被称为散所了。这些人当中，有为数众多靠表演杂技为生的街头艺人。在散所之中占据最大空间的就是河原，这里可谓是自由的空间。

　　在足利义政的支持下，观世座在河原（现在的下鸭神社附近）举办了大规模的慈善公演。虽然出云阿国首次在京都演出歌舞伎的地点已不可考，但四条河原旋即成为歌舞伎的据点。这与该处是散所，是游民根据地的属性不无关系。鸭川的河原原本因为容易泛滥，长久以来一直是社会底层民众的栖身处所，此时也因缘际会成为新艺能兴起之地。

1　散所：无固定住所。
2　本所：有固定住所。

大文字与五山送火

八月十六日的夜晚，由京都盆地东边大文字山的"大"字开始蔓延到北边和西北边的"五山送火"活动，依次燃起"妙法""船形""鸟居形""左大文字"的文字图形，将京都的夜空装点得无比灿烂。在五山送火中规模最大的，就数位于东山最高峰如意岳（477米）西边连峰山脊上点燃的"大"字，也称为"大文字送火"。五山送火和祇园祭都是京都特有的夏日风情，广受欢迎。对于京都本地人而言，借由五山送火可以切身感受到从溽暑的夏季到秋季的季节更迭。

虽然是名满天下的节庆，却没有任何记载其目的和起源的确切记录。据说大文字是足利义满为了替夭折的儿子足利义尚的亡魂祈求冥福，听从相国寺横川惠三的指导而点燃的。有人认为书写"大"字的是空海，也有一说是安土桃山时代的公卿兼书法家近卫信尹。遗憾的是，没有史料能够佐证其中任何一种说法。不过，17世纪确实曾举行这项庆典，1658年（万治元年）山本泰顺撰写的《洛阳名所集》和1662年（宽文二年）中山喜云所著的《案内者》均有记载送火的情形。当时举行送火仪式的只有"大文字""妙法""船形"三处。"妙法"属于法华宗最盛行的松之崎地区，与当地的唱诵题目[1]有密切的关系。所谓"船形"的"船"，似乎并非指乘载亡灵的亡灵船，而是指朱印船，包含着带领町众飞向海外的雄心大志。之后又增加了"鸟居"和"左大文字"。后来还有烧出"い"、"一"、竹端铃、蛇、长刀等各种形状的送火仪式。

送火仪式可能起源于16世纪中期的天文到永禄年间。当时京都各地兴起在巷弄点灯祭祀亡灵的习俗，甚至被誉为"近来最值得一见"的盛景。

如果说祇园祭展现的是下京区町众的实力，五山送火则是上京区町众和近郊乡民同心协力展示的气魄。既能缅怀京都过往的故人，又能切身感受生活在京都的愉悦，大文字送火至今依旧烧亮夏日的夜空。

---

1 唱诵题目：指唱诵《南无妙法莲华经》的"唱题成佛说"。

京都相关事件年表

	公历	和历		大事记
平安时代	784	延历三年		十一月迁都长冈京。
	788	延历七年		最澄于比叡山创寺（后来的延历寺）。
	794	延历十三年		十月迁都平安。首都从长冈京迁移至山背国（山城国）的葛野郡，次月命名为平安京。
	796	延历十五年		创建东寺和西寺。
	800	延历十九年		七月桓武天皇行幸神泉苑。
	818	弘仁九年		设置检非违使。
	823	弘仁十四年		一月赐空海东寺（教王护国寺）。
	824	天长元年		设置防鸭河使。
	828	天长五年		十二月空海创设综艺种智院。
	863	贞观五年		五月在神泉苑举行御灵会。
	866	贞观八年		闰三月应天门大火（应天门之变）。
	869	贞观十一年		瘟疫流行。祇园社竖立六十六支鉾（长矛），并列队前往神泉苑（祇园祭的起源）。
	901	延喜元年		一月菅原道真遭贬为大宰权帅。
	935	承平五年		二月发生平将门之乱（承平天庆之乱的开始）。
	938	天庆元年		空也在市井传道。
	947	天历元年		六月在北野兴建菅原道真的祠堂（北野天神的创设）。
	960	天德四年		九月内里首次被烧毁（之后屡遭祝融）。
	963	应和三年		空也创设西光寺（六波罗蜜寺）。
	976	贞元元年		五月内里付之一炬。六月京都大地震。十二月冷泉天皇移驾堀河第（里内里时代的开始）。
	978	天元元年		藤原兼家的东三条殿落成（寝殿造）。
	982	天元五年		庆滋保胤撰写《池亭记》。
	994	正历五年		京都发生瘟疫，死亡者众。
	1005	宽弘二年		十一月内里焚毁，神镜化为灰烬。
	1022	治安二年		七月举行法成寺的金堂、五大堂落成启用典礼。
	1052	永承七年		末法第一年。七月藤原赖通将宇治的别苑改为寺院，命名为平等院。翌年，凤凰堂落成。
	1083	永保三年		十月白河法胜寺的八角九重大塔竣工。
	1086	应德三年		七月着手营建鸟羽离宫。十一月白河上皇于白河问政，院政开始。
	1156	保元元年		保元之乱。
	1159	平治元年		平治之乱。
	1167	仁安二年		二月平清盛任太政大臣，政治中心移至六波罗。
	1177	治承元年		四月京都大火，三分之一的京城遭祝融肆虐（太郎烧亡），大极殿烧毁，不再重建。六月在鹿之谷发生密谋事件。
	1178	治承二年		京都大火（次郎烧亡）。
	1180	治承四年		四月京都大火。六月迁都福原。八月源赖朝于伊豆起兵。十一月还都京都。
	1185	文治元年		二月屋岛之战。三月坛浦之战。平家灭亡。
镰仓时代	1192	建久三年		七月源赖朝成为征夷大将军，开创镰仓幕府。
	1221	承久三年		五月承久之乱。六月幕府军队入京。设置六波罗探题。
	1227	安贞元年		四月大内里大火，日后未再重建。
	1238	历仁元年		六月幕府在京都设置篝屋。
	1274	文永十一年		十月蒙古军来袭（文永之役）。
	1281	弘安四年		六月蒙古军来袭（弘安之役）。
	1321	元亨元年		十二月后醍醐天皇废除院政，改由天皇亲政。
南北朝时代		南朝	北朝	
	1331	元弘元年	元德三年	五月发生"元弘之变"。此后南北朝战乱不休。
	1333	元弘三年	正庆二年	五月足利尊氏攻陷六波罗探题。镰仓幕府灭亡。
	1334	建武元年		二条河原落书出现。
	1336	延元元年	建武三年	足利尊氏入京。十二月后醍醐天皇移驾吉野。
	1338	延元三年	历应元年	八月足利尊氏成为征夷大将军。
	1349	正平四年	贞和五年	六月在四条河原奖励举办桥劝进田乐（民间歌舞），看台倒塌，死伤惨重。
	1378	天授四年	永和四年	三月足利义满迁居至室町的新府邸（花之御所）。
	1382	弘和二年	永德二年	十一月足利义满着手兴建相国寺。
	1392	元中九年	明德三年	闰十月后龟山天皇返回京都。南北朝统一。

	公历	和历	大事记
室町时代	1394	应永元年	十二月足利义满任太政大臣。
	1397	应永四年	四月举行北山第（金阁）的上梁大典。
	1428	正长元年	九月山城发生土一揆（正长之乱）。
	1459	长禄三年	八月幕府在京都七口设置新关卡。
	1462	宽正三年	九月发生土一揆，农民入京作乱。三十多个町惨遭烧毁。
	1465	宽正六年	一月延历寺信众袭击本愿寺东山大谷的僧房。莲如逃往近江。
	1467	应仁元年	发生应仁之乱。京都的将军、公卿逃往地方避难。
战国时代	1478	文明十年	一月为了修整内里皇宫，幕府在京都七口设置关卡。十二月庶民为了废除关卡，于山城发动土一揆。
	1480	文明十二年	三月莲如在山科兴建本愿寺。
	1483	文明十五年	六月足利义政移居东山山庄（银阁）。
	1485	文明十七年	十二月组织山城国一揆。
	1486	文明十八年	二月山城国一揆，在宇治平等院制定国中掟法。
	1532	天文元年	八月山科烧毁（法华一揆）。
	1536	天文五年	七月延历寺徒众放火烧毁京都法华寺（天文法华之乱）。
	1543	天文十二年	八月葡萄牙船只漂流至种子岛。
	1544	天文十三年	七月幕府禁止在京城中吟诗作乐。
	1568	永禄十一年	九月织田信长拥立足利义昭将军入京。
	1569	永禄十二年	二月织田信长准许耶稣会传教士弗洛伊斯定居京都。1576 年，姥柳町的南蛮寺竣工。
	1571	元龟二年	九月织田信长烧毁延历寺的堂塔。

唐朝长安城（左）与平安京（右）的大致比较

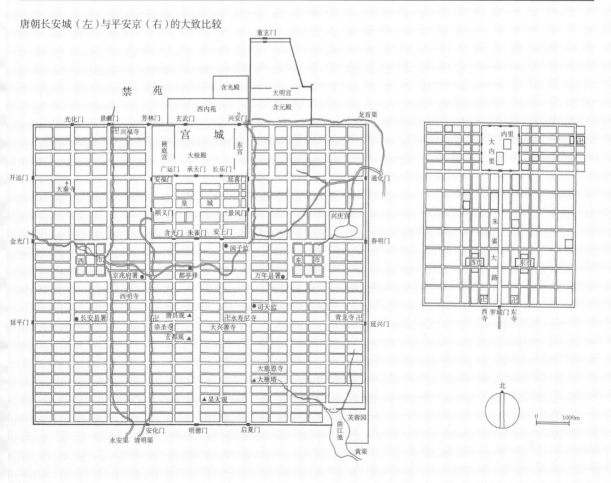

● 背诵京都街道名称的童谣

在本书61页介绍了一首童谣，这首童谣是为了让人们容易记住京都街道的名称，因此将街道配上旋律，变成一首儿歌。京都的道路分为东西向与南北向，街道交会处会标示名称，因此若能学会这首童谣，对于记住京都街道裨益良多。

● 东南向街道由北往南依序为

MARU・TAKE・EBISU・NI・OSHI・OIKE
丸太町（marutamachi），竹屋町（takeyamachi），夷川（ebisugawa），二条（nijyo），押小路（oshikouji），御池（oike）。

ANE・SAN・ROKKAKU・TAKO・NISHIKI
姉小路（anekouji），三条（sanjyou），六角（rokkaku），蛸药师（takoyakushi），锦小路（nishikikouji），

SHI・AYA・BU・TAKA・MATSU・MAN・GOJYOU
四条（sijyou），绫小路（ayakouji），佛光寺（butsukou-

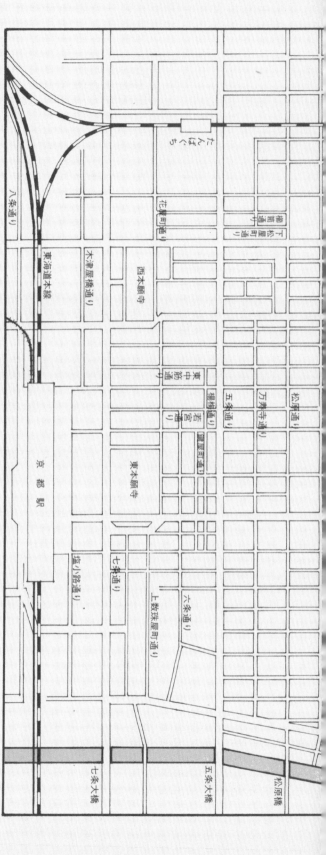

ji），高辻（takatsuji），松原（matsubara），万寿寺（manjyuji），五条（gojyou），

SETTA・CHARACHARA・UONOTANA
雪踏屋町（setsutayamachi），今之称梅通（kagiyachou），鱼棚（uonotana），今之六条通

ROKUJYOU・SANTETSU toorisugi
六条（rokujyou），走过三折（santetsu，旧八条坊门小路）

SHICHIJYOU koereba HACHI・KUJYOU
过了七条（shichijyou）就是八条（hachijyou），九条（kujyou）

JYUJYO・TOUJI detodomesasu
十条（jyujyo），在东寺停下来

● 南北向街道由东往西依序为：

TERA・GOKO・FUYA・TOMI・YANA・SAKA・TAKA
寺町（teramachi），御幸町（gokomachi），麸屋町（fuyacho），富小路（tominokouji），柳马场（yanaginobonba），坊町（sakaimachi），高仓（takakura）

AINO・HIGASHI ni・KURUMA・KARASUMA
间之町（ainomachi），东洞院（higashinotouin）之后，车屋町（kurumayachou），乌丸（karasuma）

RYO・MURO・KORO・SHIN・KAMA・NISHI・OGAWA
两替町（ryougaemachi），室町（muromachi），新町（shinmachi），衣棚（koromonotana），西洞院（nishinotouin），小川（ogawa）

ABURA・SAMEGAI・de・HORIKAWA nomizu
油小路（aburanokouji），过了醒之井（samekei），就是堀川（horikawa）的水，煆屋町（yosiyamachi），猪熊（inokuma）

YOSHIYA・INO

KURO・OOMIYA he・MATSU・HIGURASHI ni，
黑门（kuromon），往大宫（oomiya），松屋町（matsuyomachi），到了日暮（higurusi），智惠光院（chiekouin）

CHIEKOUIN

JYOUFUKU・SENBONN satevaJ NISHIJIN
净福寺（jyoufukuji），千本（senbon），接着是西阵（nishijin）

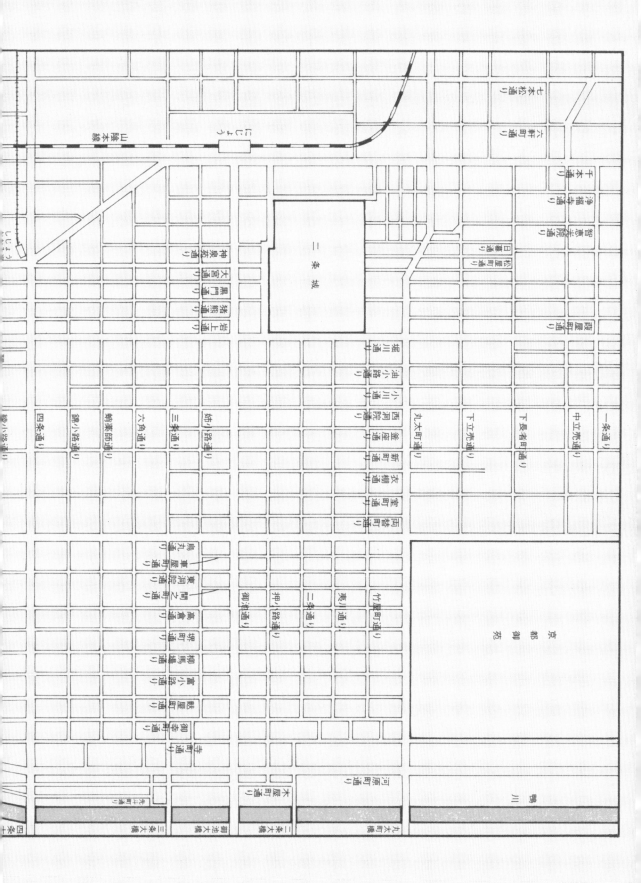

文
景

Horizon

日本营造之美

京都千二百年

（下）

走向世界的历史古都

［日］西川幸治　高桥彻　著
［日］穗积和夫　绘
高嘉莲　黄怡筠　译

上海人民出版社

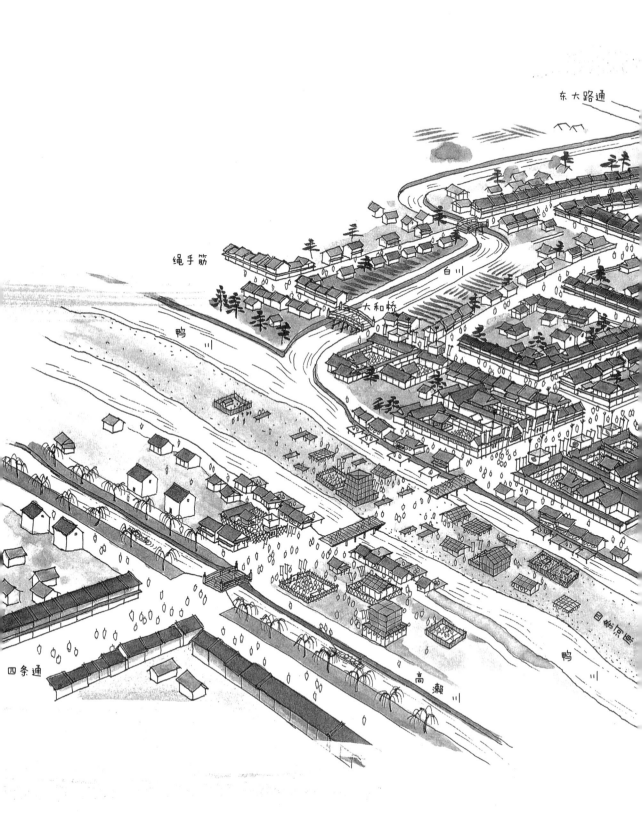

东大路通

绳手筋

白川

大和桥

鸭 川

四条通

高瀬川

鸭 川

祇園社

建仁寺

Kazuo Hozumi

目 录

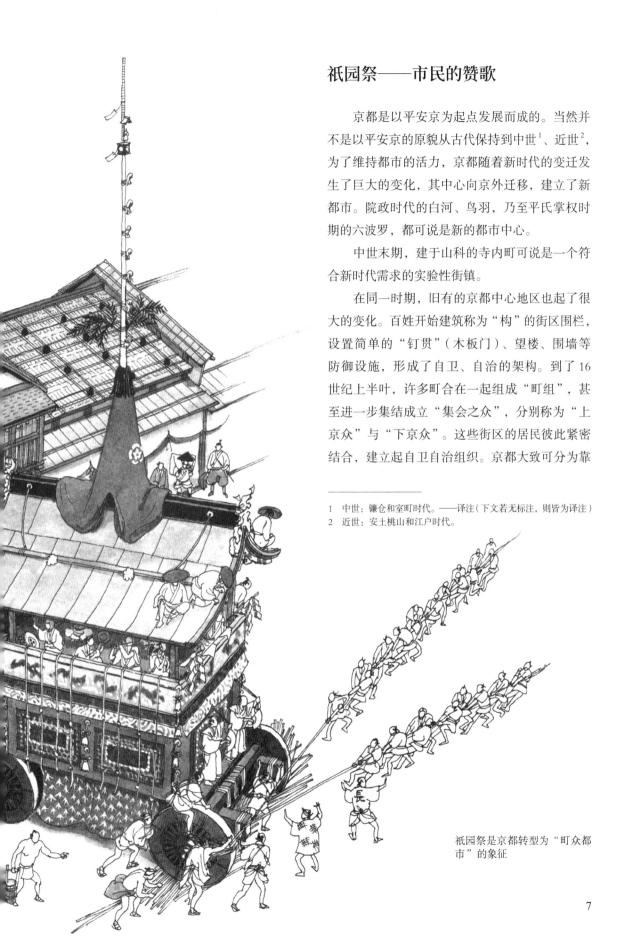

祇园祭——市民的赞歌

京都是以平安京为起点发展而成的。当然并不是以平安京的原貌从古代保持到中世[1]、近世[2]，为了维持都市的活力，京都随着新时代的变迁发生了巨大的变化，其中心向京外迁移，建立了新都市。院政时代的白河、鸟羽，乃至平氏掌权时期的六波罗，都可说是新的都市中心。

中世末期，建于山科的寺内町可说是一个符合新时代需求的实验性街镇。

在同一时期，旧有的京都中心地区也起了很大的变化。百姓开始建筑称为"构"的街区围栏，设置简单的"钉贯"（木板门）、望楼、围墙等防御设施，形成了自卫、自治的架构。到了16世纪上半叶，许多町合在一起组成"町组"，甚至进一步集结成立"集会之众"，分别称为"上京众"与"下京众"。这些街区的居民彼此紧密结合，建立起自卫自治组织。京都大致可分为靠

1　中世：镰仓和室町时代。——译注（下文若无标注，则皆为译注）
2　近世：安土桃山和江户时代。

祇园祭是京都转型为"町众都市"的象征

7

近世初期的京都街巷

近天皇居所的"上京"以及工商业者居住的"下京",两者之间由南北走向的室町通贯穿。过去的京都是由朱雀大路贯穿市中心,将京都分为左京与右京,随着自治组织"町"的形成,地区共同体生根发展,京都的地区划分也而逐渐转变成上京与下京。

过去引领平安时代文化的贵族,此时已无力重建在应仁・文明之乱时遭战火燎烧成一片焦土的京都。取而代之的是街区的町众[1],他们主导了京都的重建。因此,京都也转型成为属于町众的城市。

祇园祭就是京都市民赞颂京都浴火重生,展现町众积极态度的祭典。这项祭典至今依然为京都的夏季增添色彩。

祇园祭起源于平安时代初期,当时是人们为了祛除疫病而举办的"御灵会",而今日祇园祭的主角"山鉾"[2]应该是在南北朝时代才出现的。进入室町时代后,这种被称为"作山"的山状祭典摆饰更加盛行,原本只是以双手捧着的"鉾",又加上台子、车子,堆成小山的摆饰更受到精心布置。在应仁・文明之乱发生前,只有三四十座"鉾""山"而已。当时,制作"鉾""山"的费用是由幕府向特定的富人征收,所以带着浓厚的"官祭"色彩。

到了1500年(明应九年),一度因内乱而中断的祇园祭再度复活,经历很长一段时间才恢

---

1 町众:相当于现代生活中的"市民"。——编者注
2 山鉾:在山形的台子上插上矛戟的祭典器物。

时进口的豪华哥白林（Gobelin）挂毯用来装饰鉾上的"见送幕"（送别幕），从日本国内挑选优秀工匠以漆器、金属工艺品装饰的山鉾等等。

此外，在鉾上演出的日本民俗表演也非常有深度，充满京都风格，成为各地祭典时民俗表演争相仿效的范本，据说我们今日看到的祭祀营运系统就建构于江户时代初期。祇园祭，是一项将町众文化传统保留至今的珍贵遗产。

复过去的盛大规模。但是，此时祭典的主角已不再是幕府，而是自治组织的町众。所有有关祭典的营运，都由町众出钱出力完成。将町众定位为京都文化史一部分的历史学家林屋辰三郎曾经说过："真正的町众时代始于明应时期（1492—1501），在天文元年至五年（1532—1536）达到巅峰，之后急剧改变，至1568年（永禄十一年）织田信长入京为止。"的确，这段时期町众非常活跃。

安土、桃山时代以后，町的组织建立起来，分别负责组装山鉾和负担费用的"鉾町"与"寄町"也随之诞生。过去每当举行祭典时，都会制作新的"山"，但是"长刀鉾"与"北观音山"这类固定出现的山鉾是在复兴之后才出现的。当时，各町制作的山鉾竞相争艳，例如将远从比利

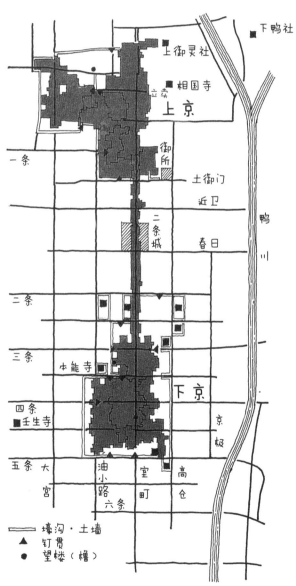

战国时代的京都

上杉本《洛中洛外图屏风》中描绘的洛中地区的"构"

洛中洛外

　　"洛中洛外图屏风"是一种描绘京都街道景象的绘画作品，画在室町时代末期到江户时代初期制作的屏风之上。画中描绘了寺庙神社、公卿与武士的宅邸、街巷成排的房屋以及人们生活的景象。

　　在那个各地战国大名[1]不断进行武力抗争、人人都想上京号令天下的时代，这些大名也十分关心京都的文化，竞相求取洛中洛外图屏风，因此

当时制作了不少。多亏了这项风潮，我们才有机会一睹从中世末期到近世初期，也就是町众庶民文化活跃时期的京都样貌。

　　洛中洛外图屏风绘制的范围很广，清楚描绘出京都的大街小巷。如今我们能够再现当时京都町众文化繁荣的情景，这都是拜这类屏风图所赐。这类屏风图所绘的场景从应仁之乱后的复兴情形，到江户初期象征丰臣政权的方广寺大佛

1　战国大名：日本封建时代的诸侯。

同作品中描绘的洛外的小泉城

殿，再到象征德川政权的二条城，总计流传至今约一百件作品，其中一件由上杉家世代相传的狩野永德绘洛中洛外图屏风，据说是织田信长赠送给上杉谦信的礼品。

上杉本的《洛中洛外图》以应仁之乱后复兴的京都为舞台，在生活景象中加入四季不同的名胜仔细描绘。尤其可以清楚地看到，居民为了对抗应仁之乱的战火、保护自己的生活，在各地建筑防御工事"构"的情形，例如在西洞院通临街一面即可看到。居民在房子四周围起土墙，建筑

望楼，以町为单位设置钉贯，清楚呈现居民防御外敌入侵的态度。构还分为防卫住宅与町的小规模构，以及包围整个下京的大规模"总构"。

此外，从岚山附近到南部的西冈，也有地方乡绅（豪族）建造的城郭。例如"西院"中所描绘的就是小泉氏的城郭，也被称为"小泉城"。这座城郭周围有护城河，正面的望楼架有弓箭，有武士巡逻。图中可见自卫的町众以及向洛外扩张势力的武士模样。

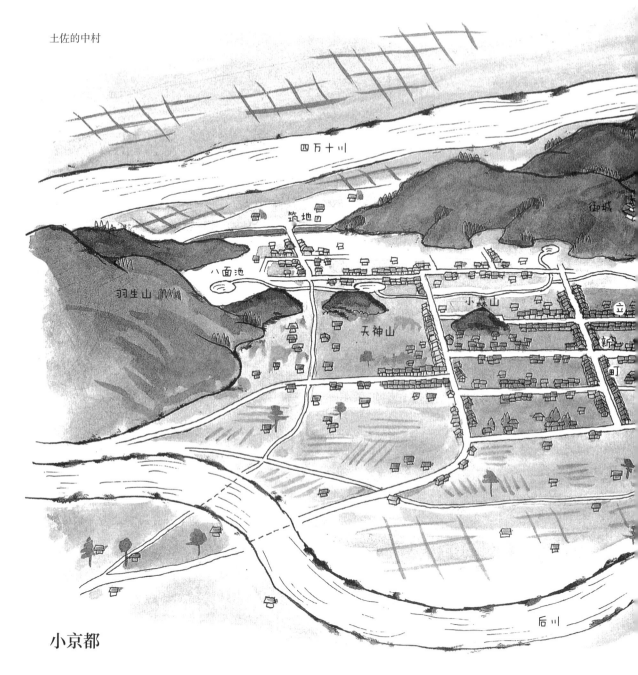

四万十川

筑地

御城

八面池

羽生山

小森山

天神山

立

新
町

后川

小京都

在中世末期的动乱当中，人们对京都的关心程度日渐升高。在日本各地也出现了以京都景观为典范建造起的"小京都"。有的是更改原本的地名，冠上东山、鸭川等京都地名；有的是从京都的寺社请神到当地新建的寺庙祭拜。实行的方法五花八门。各地的小京都不仅引进京都的优越文化，生活空间中也充满了令人直接联想到京都的景观。

根据小京都形成的原因，可将其分为四种类型。

第一种类型是，居住在京都的贵族因为战乱而远避他乡，因思乡情切而将京都的景观搬到避难之地。典型的例子就是土佐的中村。

1468 年（应仁二年），前任关白一条兼良的长子、时任太阁的一条教房及其子一条房家移居到自家领地的土佐幡多庄，之后就留在当地成为大名。一条家所选的居住地中村三面环山，南方

国武将模仿"憧憬中的京都"建设自己的领地。据说，大内氏"在山口建立祇园、清水、爱宕寺，呈现帝都所有的模样"，模仿京都景观兴建了"京都般的街市"。另外，朝仓氏也在越前一乘谷后面的山顶建造了城郭，将宅邸建在山麓，并强制家臣居住在周围，甚至找来町众，试图兴建城下町。很多贵族逃难到山口与一乘谷，直接将京城的贵族文化带进当地。

以上两种类型都是因为憧憬京都作为"传统贵族文化之都"的一面而模仿兴建的小京都，还有一种异于前者的类型是，因为憧憬京都从战乱中复兴后所形成的"町众的京都"而兴建。滋贺的长滨与大津、岐阜的高山等地，都属于第三种。这些地方除了可见到庶民住所的景观外，还模仿祇园祭的山鉾建造了祭典山车。长滨与大津原本都是以武士城寨为基础而发展的城下町[2]，进入江户时代后，虽然失去了城下町的功能，却作为庶民的城市再度复兴。这种复兴的喜悦，展现在这两座城市举办的类似祇园祭的曳山祭与大津祭。

最后一种小京都类型其实应被称为"小江户"。进入近世，在有计划地配置于日本全国各地的城下町中，也出现了被称为小京都的小城市。这些城下町都是各地领主试图创造自己的文化，努力吸收京都文化的成果。

地方城市以中央的都城为建设范本并不是从小京都开始的。从奈良时代到平安时代，被称为"遥远的朝廷"的九州岛大宰府、奥羽的多贺城，以及设置在地方的国郡[3]中心地的国衙与郡衙都属于这一类。同时在国府[4]附近配置了国分寺、国分尼寺、总社之类的宗教建筑。

与此相对，小京都强调的是直接移植京城的都市景观到地方去建设城镇，这种做法在无法自由旅行时代更加强化了人们对京都的憧憬。

开阔可远望京都。他们将后川当作京都的鸭川，将后川上游命名为"鸭川"，并模仿京都左京、右京的配置，将中村二分为左冈、右山与居住区，并将整个地区细分为上町、立町、新町等区域。此外，还从京都的天神、贵船、祇园等多个神社迎神到中村，甚至模仿京都举行大文字送火仪式[1]。

第二种类型是，企图上京号令天下统一的战

1　大文字送火仪式：八月十六日盂兰盆节最后一天夜里，在京都东山的如意岳山腹，升起欢送祖先灵魂的"大"字形篝火的仪式。
2　城下町：以城郭为中心，在领主居所的周围成立的聚落、市集、庶民住宅的总称。——编者注
3　国郡：日本从古至近世的行政单位，总称为"国郡里制"。地方被称为"国"，国以下为"郡"。
4　国府：日本律令制下诸藩国的行政中心。

织田信长入京

在法华一揆[1]拥有极大权力的天文元年至五年（1532—1536），町众自治兴起，开始以町为单位每个月选拔月行事与町年寄等町役[2]，并定期举行町役会议。

这类由町众自治的城町并不仅限于京都，在泉州的堺、摄津的平野、伊势的桑名、筑前的博德、近江的坚田等地，都逐渐形成了由町众负责自卫与自治的模式。但是町众的自治行为与拥有武力、希望一统天下的织田信长等战国武将的想法相冲突，因为他们妨碍到了战国武将的野心。

1568年（永禄十一年），织田信长拥护足利义昭将军入京，翌年为足利义昭兴建宅邸，并在乌丸通西边和春日通（今日的丸太町通）建了二条城，这与后来德川家康的二条城并没有关系。几年前京

都兴建地铁乌丸线时，在施工中挖出了被认为是织田信长二条城中所用的贴有金箔的瓦以及石垣上的地藏王菩萨像等石头佛像，因此备受瞩目。

1573 年（元龟四年），足利义昭反制织田信长，一时情势紧张，耶稣会传教士的报告中提到"市民各自武装，站在城町的各个大门与入口"，"昼夜待在壕沟周围"。城町的居民就是仰赖"町之构"来防卫的。当时，信长要求京都的町众缴纳被称为"矢钱"的军事费用，后来以下京的百姓顺从缴交，但上京百姓不缴交为理由，放火烧了上京。据说信长的真正目的是想要烧光二条城

所在的上京，进而攻城。这场火烧掉了六七千户百姓人家。町众结集众力好不容易重建了京都的街市，结果二条城以北又因为这一场大火被烧成一片焦原。织田信长对于抵抗的民众一律以武力压制，企图让町众见识战国武将的威力。面对如此强力的压制，在町与村的建设上一向讲求自卫与自治的町众和村民纷纷起而反抗。然而不久之后，堺、平野等城市，以及石山周边的寺内町还是接连被信长用武力攻陷。

元龟之乱时足利义昭遭到放逐，室町幕府就此灭亡。织田信长的入京，其实正是中世的落幕。

丰臣秀吉的城下町发展——聚乐第与土居

织田信长在本能寺之变中身故，之后取得天下的丰臣秀吉随即着手进行京都的复兴与改造。京都以聚乐第为中心，逐渐发展为一座城下町。

秀吉首先在1586年（天正十四年）开始兴建聚乐第。聚乐第是秀吉担任关白兼太政大臣的办公处所，建造于今日二条城的北方，四周环绕着护城河，城内有一座五层的天守阁，以及一排又一排楼阁式的豪华建筑，从当时的《聚乐第图屏风》即可一窥其风貌。1588年（天正十六年），秀吉邀请后阳成天皇造访新完工的聚乐第，夸耀其一统天下的权力。在聚乐第的护城河外围，众大名的宅邸井然罗列。若将大名宅邸也列入，则聚乐第的范围东起今日的大宫通，西至千本通，南到丸太町通，北抵一条通，面积广大。

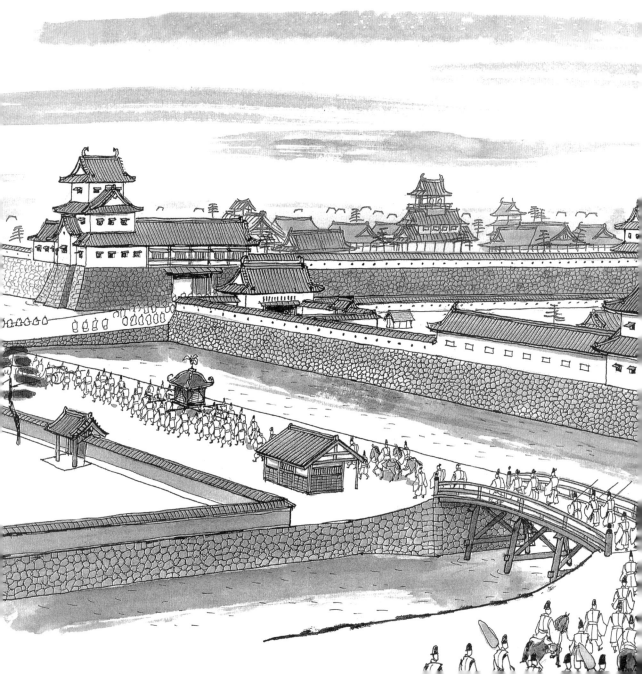

1591 年（天正十九年），秀吉举荐外甥丰臣秀次担任关白，也把聚乐第让给了外甥。这可能是因为秀吉认为聚乐第是关白的工作场所吧。不过到了 1595 年（文禄四年），秀次因谋反之嫌被迫在高野山自杀，秀吉随后就拆毁了聚乐第与大名宅邸，把这些建筑物迁移至兴建中的伏见城及其附近，作为隐居的住所。聚乐第扮演关白的办公处的角色只不过短短不到十年时间，其遗址也几乎什么都不剩了。但是在后来迁移的地点，至今依然屡屡挖出贴有金箔的瓦片，可一窥当年的宏伟建筑群。

秀吉推动的第二项改造，是在 1590 年（天正十八年）整理了町的区分，将町内四处散布的法华宗寺院集中到鸭川西边，即今日的寺町以及船冈山南方的寺之内地区。丰臣秀吉将分散在各区的寺院集中起来，乃因寺院是町众结集的据点，将寺院集中管理，可防止百姓抵抗势力再度结集的情况发生。

聚乐第

17

土居

此外，秀吉也改变了自平安京以来就实行的"方四十丈"（一町约 120 平方米）的分町基准，在中央新辟一条道路，将町的单位从正方形改为长方形。如果使用"一町四方"的正方形切割法，房屋即使面向四边的道路兴建，中央区域用作水井、公厕、公用厨房、晾衣场等功能，还是会留下许多空地。为了有效利用土地，秀吉在町的中央开辟南北向的小路，也就是设置巷子。不过，举办祇园祭的山鉾町这类町众力量强大的地区，由于受到强烈反对，并未被切割成长方形。

秀吉的第三项改造是建设土居[1]。秀吉分别在洛中与洛外，于东边的鸭川西岸，北边的上贺茂到鹰之峰，西边的北起纸屋川南至千本通，南边的九条通，兴筑了整体呈南北细长状、总计 22.5 公里的土居。在中国，为了保护都城不受外敌侵略，会在四周兴建城墙。平安京虽然以中国都城

---

1 土居：环绕城郭的土垒。——编者注

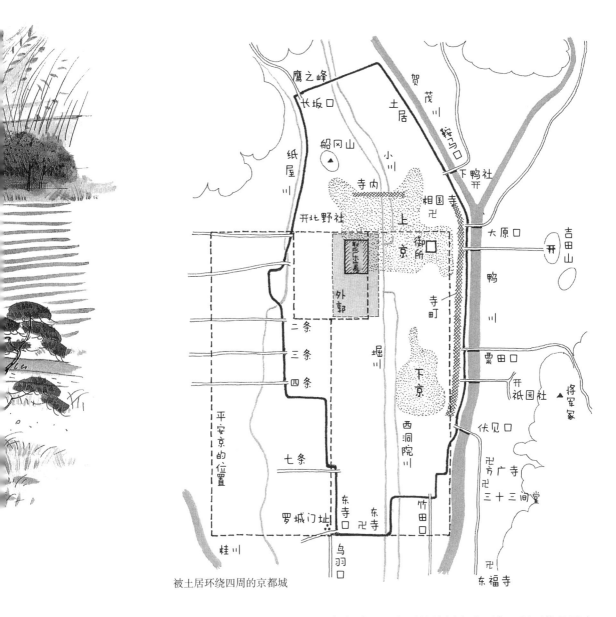

被土居环绕四周的京都城

为范本建造，但并未兴建城墙。秀吉在构筑土居时，也曾被一些贵族批评"帝都怎能在四周挖掘壕沟"。因此，京都直到近世才真正建造了城墙。不过秀吉为何要兴建土居，至今依然是个谜。这道土居的功能众说纷纭，有人说是为了防止洪水泛滥，有人说是为了抵御外敌。或许是因为秀吉在以武力统一天下的过程中，曾攻击过群起抵抗的堺、京都和环壕城塞的寺内町，根据经验察觉到了土居的必要性吧。

不过由于秀吉轻易地拆掉了聚乐第，也让京都朝城下町发展的计划半途而废。很可能是因为工程较早破土的大阪城与其城下町已经完工，秀吉认为京都是个礼仪之城，若要号令天下，大阪城是更合适的据点，而聚乐第只是关白的办公场所，并非一统天下者的宫殿。

然而经过秀吉一连串的改造工程，应仁·文明之乱后町众合力重建的京都整体景观已大为改变。

本愿寺

本愿寺在与织田信长对抗十余年后，于 1580 年（天正八年）被迫由大石山迁移到纪州鹭森和泉州贝冢。后来，丰臣秀吉一统天下，于 1585 年（天正十三年）在大天满捐了一块建寺用地，将本愿寺移转至此。传教士弗洛伊斯曾说"关白阁下（秀吉）不准兴建护城河等防御措施"，罔顾寺内町町众追求自卫与自治的心愿。秀吉在大阪石山本愿寺的旧址兴建了大阪城，把本愿寺视为城下町的装饰。

秀吉为了将京都建设为城下町而推动都市改造，将寺院集中在寺町和寺之内，并在 1591 年（天正十九年）捐赠位于堀川六条的建筑用地

93 688 坪（约 309 000 平方米），将本愿寺从大天满迁移过来，随后又兴建了佛堂，并在其门前建设寺内町。这就是今天的西本愿寺。

如此一来，本愿寺就在一百二十年后再度回到了发祥地京都。当时的绘图显示，在门前东边有四个町，南边有六个町，共计十个町。天满的寺内町居民也一起搬迁过来，本愿寺门前很快形成寺内町，有成排的佛具店、线香店、米店、蔬果店、酿造店等，大半居民都是本愿寺信徒，此外信奉净土宗的居民将近四成，法华宗的信徒也超过半成。

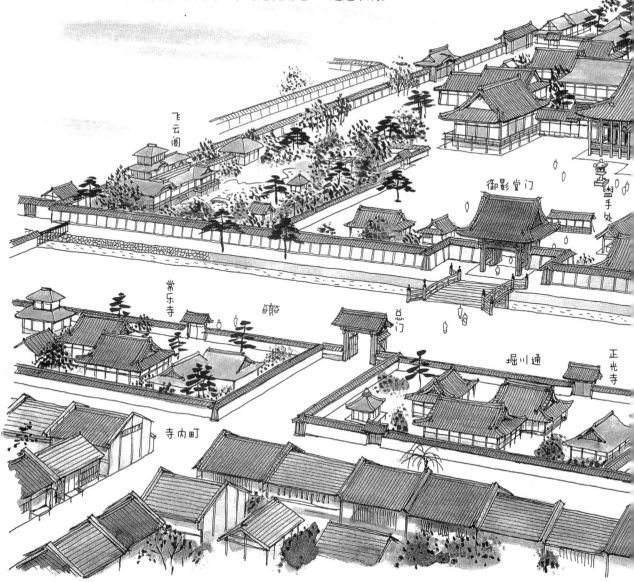

寺内町出现了巨大变化，在中世末期变得十分繁盛。只要站在西本愿寺的门前观看寺内町的大门，就能望到至今依然存在的加贺屋、能登屋、越中屋等旅馆，令人怀想中兴净土真宗的祖师莲如在越前创设的吉崎寺内町的景象，想起过去民众为了自卫兴筑的钉贯。

丰臣秀吉将建寺用地赠与本愿寺第十二代住持准如，他是对抗织田信长的本愿寺第十一代住持显如的第三子。显如过世以后，准如与长兄教如争夺继承权，后由秀吉裁夺准如为本愿寺第十二代传人。但在不久后，秀吉过世，1602年（庆长七年），德川家康赐乌丸六一处土地给隐居的教如，让他兴建另一座本愿寺，也尊教如为本愿寺第十二代传人，追随的分寺和门徒众多。这就是现在的东本愿寺，于是东西两座本愿寺各据一方。

教如和准如的父亲显如，被传教士记录为"日本的财富大部分为这位和尚所有"。之后，虽然以本愿寺为中心具有宗教连带关系、在"环壕城塞"（在周围挖掘壕沟的城市防御体系）概念下发展起来的寺内町瓦解了，但两座本愿寺还保留着"无禄领主"（无政治实权却有诸侯规格的领主）的地位，以及本愿寺教团大本营雄伟壮观的气魄。

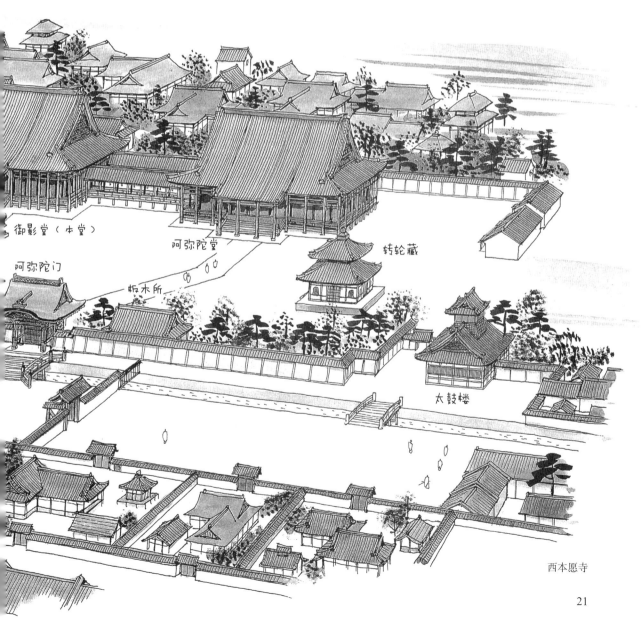

御影堂（本堂）

阿弥陀堂

转轮藏

阿弥陀门

枢木所

太鼓楼

西本愿寺

伏见城

在京都盆地东南方，伏见区桃山的丘陵上高耸着一座五层的天守阁。这座"伏见桃山城"是以观光为目的兴建的新城，丰臣秀吉所建的伏见城就在这附近，也就是现在明治天皇桃山陵所在的位置。

丰臣秀吉在将聚乐第让给了秀次的翌年，即1592年（文禄元年），就着手兴建自己的隐居之所——伏见城。这座建筑位于宇治川北面的指月森林，原本的设计是一座与聚乐第旗鼓相当的别墅，但在施工过程中改为一座不折不扣的城郭建筑。据说这项改变与文禄二年秀吉的侧室淀君生下了秀赖

有关。淀城的天守阁与望楼也都移筑到了伏见城。

1594年（文禄三年），城郭几乎都已完成。到了文禄五年，秀吉为了迎接明朝特使，在城中筹措双方会面的事宜。但是该年闰七月十三日发生大地震，伏见城也被震倒，秀吉立即改变地点，在稍微往北的木幡山重建。

1595年（文禄四年），秀吉逼迫外甥秀次自杀后就拆掉聚乐第，将该建筑迁移到伏见。众大名也纷纷追随，在伏见建造宅邸，形成了伏见城与其城下町。据说目前流传下来的洛中洛外图屏风描绘的伏见城就是重建之后的。这座城郭据说

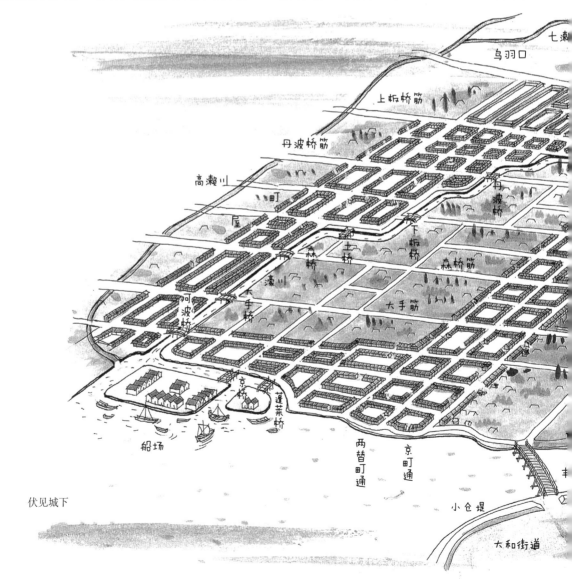

伏见城下

22

非常豪华绚丽，丰臣秀吉的时代之所以称为"桃山时代"，也与这座城郭兴建在桃山有关。

伏见九乡中心的御香宫也被迁到伏见来作为城郭鬼门的守护神。以南北向的京町、两替町两条线作为町的街道中心，南北共计有二十八町，再加上填海造地而成的聚乐组、高田组、坪井组等各町，以及城郭附近汇集的众大名宅邸，构成了城下町。

秀吉在这座城郭过世之后，伏见城就成为德川家康的居所，直到1607年（庆长十二年）家康将根据地移到骏府城为止一直是统治西日本的据点。伏见城在1623年（元和九年）废城，一直扮演着城下町功能的伏见街市也逐渐演变成连接大阪与京都衔接的港町。尤其在决定废城之前的1611年（庆长十六年），更在京都与伏见之间挖掘了运河高濑川，船舶航运十分发达，奠定了其港湾城市的角色。

伏见可与过去作为平安京外港的鸟羽相提并论。丰臣秀吉选择伏见作为隐居之处，就像白河天皇、鸟羽天皇、后白河天皇在成为上皇遁入佛门后迁居鸟羽一样，带有隐居的意义吧。

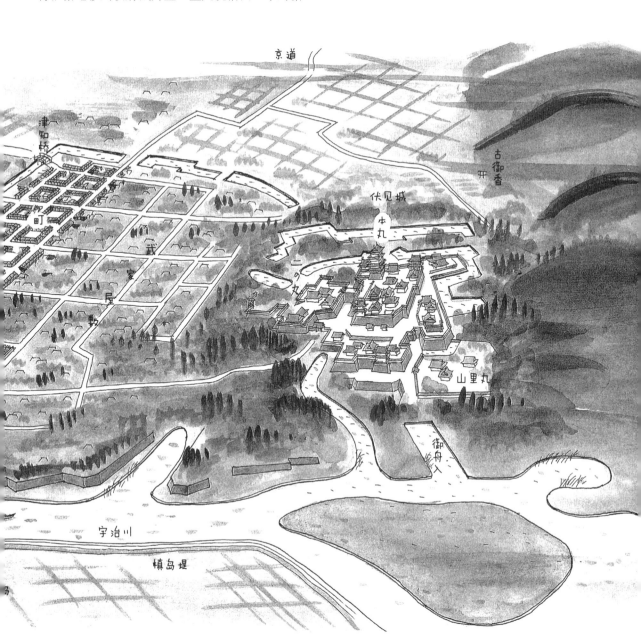

丰国庙

方广寺大佛殿

三十三间堂

庆长九年，丰国神社举行临时大祭典，京都市内各街道热闹非常

丰国祭

1604年（庆长九年）夏季，祭祀丰臣秀吉的丰国神社举行祭典，京都街町一片热闹。丰臣秀吉的遗体埋葬在东山的阿弥陀峰，丰国神社就建在这座山的山麓中。八月十八日是丰臣秀吉的七年忌，配合这个日子，京都街上出现了骑马游行的队列以及跳着风流舞[1]的人群。连续数日，京都都洋溢着兴奋的气氛，而主角当然是町众庶民了。

丰国神社从1599年（庆长四年）四月创建以来，每年春秋两季都会举行丰国祭，而这次的临时大祭不仅一直流传到后世，在历史资料上也是一场知名的祭典，因为色彩艳丽的《丰国祭图屏风》与《丰国大明神祭礼记》都留下了详细的录。

丰国祭一开始定在八月十四日，起初是由两百骑装饰华丽的马队带头，在町内游行。赞助马队的是受到丰臣家惠泽的大名。马队的骑士除了丰国神社的神官与乐手外，也包括吉田神社和上贺茂神社的神官和乐手。跟随在骑马队后面的是表演田乐[2]和猿乐的艺人。游行队伍绕行建仁寺、丰田神社、清闲寺等地，演出田乐与猿乐，将祭典气氛推至高点。

隔天则有来自上京与下京的町众群聚，由五百名化装舞者一边跳着风流舞，一边在都大路排成一排漫步。上京组从御所走到丰国神社，下京组则走相反路线，分成两路游行。从屏风图来看，舞蹈组的先头游行队伍手上拿着写有"一条组""艮组""西阵组""新在家"等町名的团扇，图中描绘了当时京都的一些奇特舞姿。道路上还搭建了二三百处观看游行用的观众台。邻近村落、地区也有许多人前来参加祭典，整个街市弥漫在兴奋中。

《祭礼记》中记载了当时风流舞使用的道行之歌、跃歌、归时歌等歌谣的歌词，是非常著名且珍贵的舞蹈史和风俗史资料。不过，丰国祭的祭典游行队列自那以后规模逐渐缩小，到了1615年（元和元年）丰臣家灭亡，甚至连神社也被摧毁了。后来一直到明治时代，丰国神社才重新复兴。

丰臣秀吉的七年忌之所以如此盛大，据说有如下原因：定居在大阪的丰臣家想挽回衰落的家运；生活在伏见的德川家康则想借由高举秀吉的遗德号召人心；町众想借此祭典发泄日常的不满。由于三方的想法一致，祭典才会如此盛大。

御所与公家町

关原一战使德川家康一揽天下霸权，于1603年（庆长八年）在江户设立幕府。因此，日本的政治中心也转移到江户，京都则只是天皇居住的权威中心。从此之后，日本的政治生态就形成权力中心的江户与权威中心的京都两相牵制较劲的局面。

京都的面貌此时也开始转变，变成拥有两个核心：代表传统权威的京都御所，以及展现武家权力的二条城。近世京都的面貌也逐渐形成。

现在，京都市的上京区有一片绿色植被繁盛

1　风流舞（風流踊り）：日本室町时代末期开始流行的一种群舞，舞者通常身着盛装，或扮为神话和历史故事中的人物、动物，配合着太鼓、笛子、铙钹等乐器载歌载舞。——编者注
2　田乐：日本传统艺术形式，由音乐和舞蹈组成，后世与骑射表演、相扑等一起被纳入神社的祭祀活动。

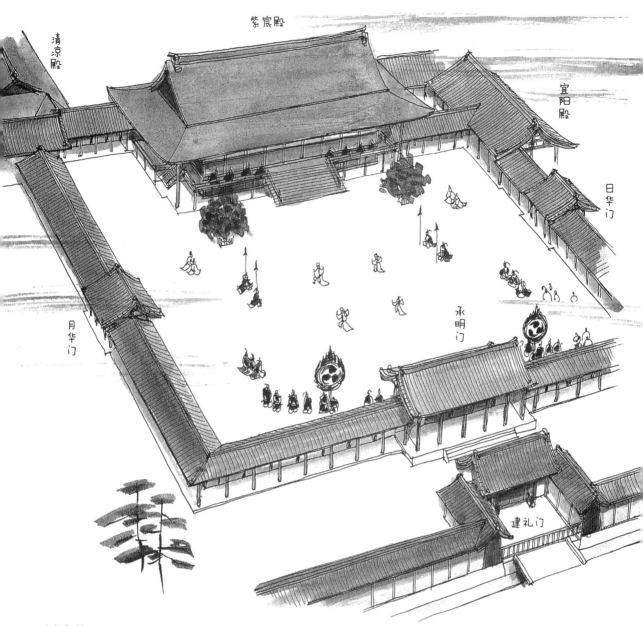

京都御所

的广大森林，即"京都御苑"。其南为丸太町通，西为乌丸通，北为今出川通，东边地形则有些不规则，由寺町通分割在同一区块内，东西宽约600米，南北长约1200米。这一片区域之上，有明治时代以前天皇与上皇居住的京都御所、仙洞御所与大宫御所。

京都御苑除了天皇的御所外几乎没有建筑物，在迁都到东京之前到处是公卿的屋敷（宅邸），如北边的近卫家，西北的一条家，东北的有栖川宫

家，南端的中央则有九条家与鹰司家。这些建筑物似乎都不是大型的屋敷。在幕府末期的绘画中，记载了每一间宅邸的土地价值，其中也显示有许多公卿的薪俸十分微薄。即使拥有传统的权威，但是他们既无权力，也无丰厚收入。今天的京都御苑还留有天皇御所与公家町的遗迹。

京都御所的基础是北朝[1]的光严天皇在1331年（元弘元年）用东洞院土御门殿改成的皇居。当初的位置在土御门大路之北、东洞院大路以东

1　北朝：日本的南北朝时代在 1336 年至 1392 年。

一町（约 120 米）的一片四方地区的北半边，地形狭窄。之后逐渐拓宽，到了幕府末期已拓宽为东西 254 米、南北 453 米的宽广土地。

在中世动乱期间，天皇御所也曾经严重荒废。从织田信长时期开始修复天皇御所，随后丰臣秀吉新造了几座殿堂，之后的德川家康更重新建造宏伟的殿堂，这时才又展现出御所应有的威容。御所附近也因为聚集了公家屋敷，形成了公家町。众公卿中，除了少数继续居住在街町里，大半都迁移到公家町来。

公卿虽然没有权力与财富，但是他们是在有位阶的律令制度下产生的一群有较高地位与身份的贵族，拥有傲人的权威。相对地，武士虽然拥有权力和财富，但在传统的权威之下却是一群地位较低的人。在当时，即使是很大的大名位阶也并不高，而今日的京都御苑一带，在过去可说是一个充满权威的街町。

在京都御苑北侧的乌丸今出川，承袭藤原定家传统的冷泉家，是少数保留下来的珍贵公家屋敷遗址。

公家屋敷

二条城与武家屋敷

　　整个江户时代，与京都御所并列代表京都的另一个象征性建筑是二条城。目前在中京区二条城町还留有一片四面有护城河的平城，这座城虽有城郭，但不同于以战斗为本位的山城或平山城，而是建筑在平地上的，是江户的德川将军在进京时的专用宿舍。其面积宽广，约26万平方米，整片城区都属于国家指定历史遗迹，建筑物本身也被列为国宝兼重要文化财产。

　　如前文所说，历史上有两座二条城。第一座是1569年（永禄十二年）织田信长为室町幕府末

代将军足利义昭建造的，地点似乎与现在的二条城不同，由于城建好没多久就被损毁了，因此并不清楚实际位置。不过从出土文物与遗迹的分布来看，推断是在东起乌丸通、西止新町通、南起丸太町通、北至下立卖通这块地区。

　　第二次建造的二条城就是今日这座。关原之战的翌年1601年（庆长六年），德川家康为筑城命令一千家百姓迁居，并令京畿的诸大名分担营造费用，第二年破土开工，计划作为将军上京时与朝廷折冲的场所，以及公武（朝廷与幕府）举

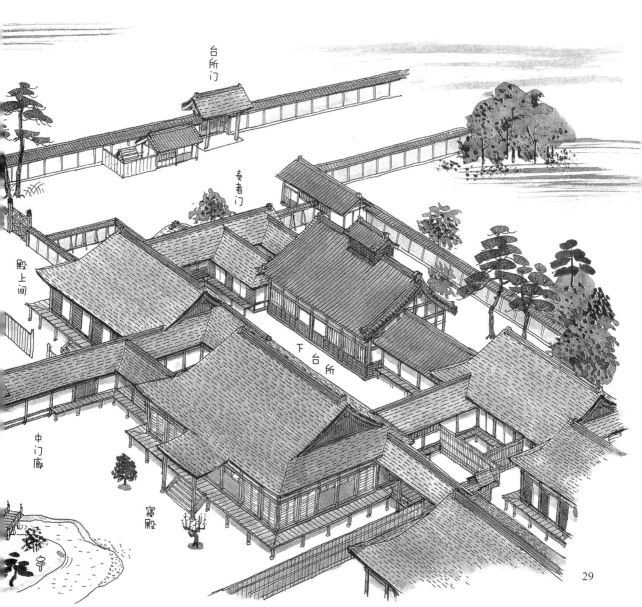

29

行仪式的地点使用。这座城建成只花了不到一年的时间，但之后几度拓宽城区并增筑改建。

二条城一些豪华重要的建筑物兴建完备的时期，主要集中在 1626 年（宽永三年）后水尾天皇莅临二条城时德川家光率家臣上京恭迎，以及 1635 年（宽永十一年）家光率领三十万七千人大军上京时。宽永十一年，为了祝贺明正天皇即位，五层高的天守阁兴建完成。宽永三年的将军上京以及天皇莅临二条城，这种权力与权威之间密切

的关系，很生动地在京都人的眼前上演。

在二条城周边，排列着幕府的京都所司代[1]与京都町奉行[2]的屋敷。所司代的工作包括护卫京都，联络与监察朝廷和公卿贵族，监督京都町奉行、奈良奉行和伏见奉行，处理京都周边八国的幕府领地（天领）的诉讼处理，以及监督西国大名，可说是德川幕府在西国的统治据点。他们负责看守朝廷，拥有莫大的权力。所司代在幕府中是继老中[3]之后第二重要的职务。1603 年（庆长

1　所司代：驻在京都的江户幕府官职。
2　町奉行：近世武家职衔，为江户幕府主要都市的行政官。
3　老中：相当于幕府政权的丞相。

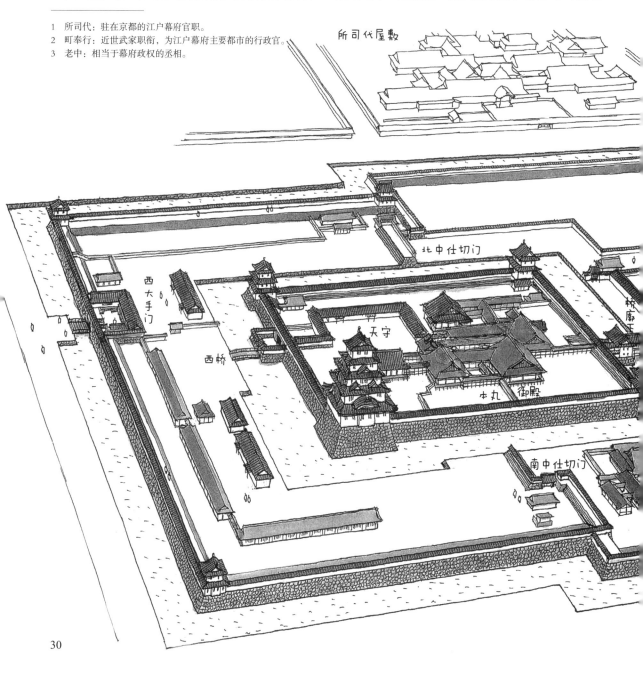

所司代屋敷

北中仕切门

西大手门

西桥

天守

本丸

御殿

桥廊下

南中仕切门

八年），第一任京都所司代板仓胜重，率领大名的重要武士三十人，以及低阶武士一百人，在二条城周围兴建了武家屋敷町。此举促成了近世京都形象的形成，即两种力量的制衡：一是京都御所所象征的传统权威，一是二条城所象征的实际权力。

但是二条城的功能在德川家光上京之后逐渐凋敝。幕府将军再度来到二条城，已是二百三十年后幕府末期的事了。这段期间将军的权力已经巩固，不需再亲自上京，反倒是由朝廷派人到江户去沟通。幕府也不再花钱维护管理二条城，主要建筑不是遭烧毁就是迁移他处，因而逐渐没落凋零。1750 年（宽延三年），一次雷击令天守阁被烧毁，从此未再重建。

尽管二条城在江户初期的华丽逐渐失去色彩，但是为了保护成列建造、由所司代屋敷等构成的武家屋敷町，其面向京都宣示幕府权力的意义贯穿整个江户时代未曾改变。

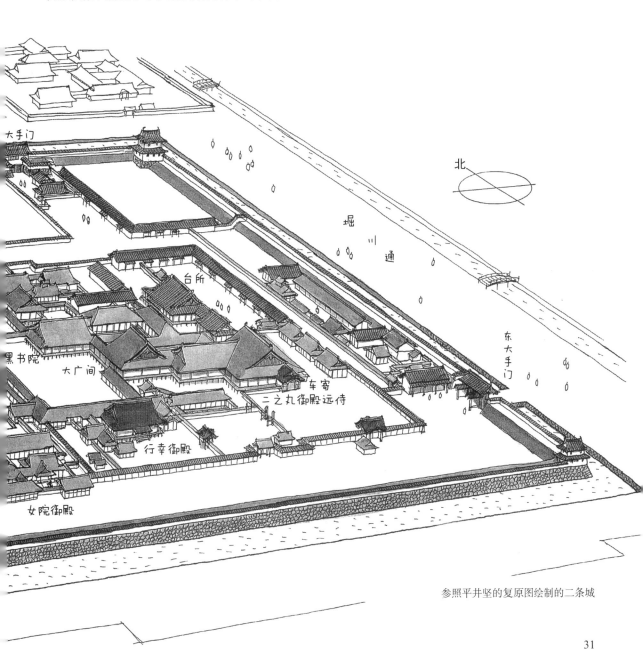

参照平井坚的复原图绘制的二条城

本山与门前町

过去町众集结的寺院在战乱时成为战国武将攻击的目标。接连不断的战乱，让寺院自古保存下来的堂塔建筑都荒废了。

进入江户时代，整个社会恢复和平，也就兴起一股重修或新建神社寺院的风气。遭到织田信长烧毁破坏的比叡山延历寺，于1582年（天正十年）重建，1600年（庆长五年）完竣。荒废的京都寺院在德川家康取得政权后开始重建，其中包括丰臣秀吉侧室淀君与其子秀赖在家康的建议下重建的寺院，营造时甚受瞩目。庆长五年，醍醐寺金堂首先完成，东寺与相国寺也相继建设完毕。

东山的知恩院建于净土宗开山始祖法然的大谷庙所[1]。由于德川家代代信仰净土宗，所以该寺院作为德川家族祭祀祖先、供养母亲冥福的寺庙，获得了捐地以拓展面积。寺院内兴建了许多塔头（寺院区内的小寺院），包括祭祀法然的本堂（御影堂）、集会堂、库里（厨房）、方丈（住持的居所）等，除了展现净土宗本堂的威仪之外，也夸示德川将军的权势。

此外，禅宗寺院京都五山（南禅寺、天龙寺、相国寺、建仁寺、东福寺）中位阶最高的南禅寺，在宽永年间（1624—1644）进行了寺院内的建筑整备工程。寺门由藤堂高虎捐赠，于宽永五年完工，并兴建了法堂（讲堂）、方丈、塔头等建筑。与此同时，大德寺和妙心寺也推动重建，整片院区外观充满禅宗寺院的特色。

德川幕府站在各宗派顶点成立掌管各寺院的宗派中枢"本山"，又在旗下设置"末寺"[2]，规定"本末制度"。同时实施严禁基督教的"宗门确认制度"[3]，统管所有寺院，规定人民的

1　大谷庙所：埋葬先祖的墓场。
2　末寺：宗派中枢掌管下的分寺。
3　宗门确认制度：详细调查百姓所属宗寺并发给证明。

东大路通

方丈

钟楼

经藏

集会堂

阿弥陀堂

本堂

知恩院

男坂

女坂

三门

知恩院

宗教信仰。在京都隶属于宗派本山的寺院共有一百三十六座，以东西本愿寺和知恩院为首的大型宗教团体的本山林立，让京都成为一座宗教都市。

在这些寺院中，许多信徒从乡下到本山朝圣，特别是每逢这些宗派或寺院开山鼻祖二十五年或五十年忌日，信徒便会聚集到寺院举办追思祭拜仪式。除了这些定期的忌日祭拜外，寺院也经常举办"开帐"活动。所谓"开帐"，是指将安置寺院

神社主祭神的神龛门打开，接受信徒祭拜。开帐时不只开放寺院主祭神接受祭拜，也经常公开展示宝物。此外还有从乡下的寺院将主祭神、宝物迎到京都展示的活动，称为"出开帐"。本山与其各地的末寺之间，也以此种形式产生联结。

本山周围有许多末寺，还有经营本山与僧侣生活所需服务的佛具商、佛书书商、法衣工等店家，形成了门前町。位于东西两座本愿寺门前的一大片寺内町，不仅因为宗教的连带关系形成了生活的共同体，也带有强烈的门前町属性。

御腰挂

御台所

月波楼

米藏

新御殿

乐器之间

中书院

古书院

笑意轩

桂离宫

桂离宫与修学院离宫

　　沿八条通往西，经过旧山阴道，跨过桂川上的桂大桥，就能在右手边看到一片茂密的森林。这就是著名的、让昭和初年来到日本的德国建筑师布鲁诺·陶特（Bruno Taut）大加赞叹为"世界文化中无法比拟的唯一奇迹"，"重新发现日本之美"桂离宫。

　　在桂离宫东西 230 米，南北 218 米的庭园中

物所用的材料，还是室内的装饰零件，以及墙上壁画，都非常简朴。陶特认为，"专制者艺术的极致表现是日光庙"，而在同一时代，桂离宫却是符合功能需求又呈现截然不同之美的建筑，因此对桂离宫格外关注。桂离宫的建筑与林池融为一体，与自然之间的协调令人赞叹。

桂离宫本是17世纪初由八宫家第一代智仁亲王在都城郊外的农地兴建的一座小小别墅。八宫家之后从京极宫家改名为"桂宫家"，这是丰臣秀吉向天皇请命所封的新宫家。这座别墅最早是1615年（元和元年）智仁亲王在离桂村不远处建造的简素的建筑物，在史料中留有"瓜田里轻巧的茶屋"的记载。之后经过约半世纪，第二代智忠亲王对其进行增建改造，使之树木繁茂，形成今天的面貌。这个宫家在承传了十一代后，于1881年（明治十四年）绝迹，别墅移交宫内省（厅）接管。之前的桂山庄、桂亭、桂御殿在此时被统一称为"桂离宫"。

此外，被陶特誉为"将日本之美的本质表现到极致"的另一座建筑就是修学院离宫。修学院离宫位于比叡山山麓，是桂离宫完成以后，后水尾上皇所兴建的山庄。在这座离宫中，每隔约300米分别建造了上御茶屋、中御茶屋、下御茶屋三座庭园。每一座庭园的地形各异，因此很难归纳离宫整体的特色。原本修学院离宫只有上御茶屋与下御茶屋两座庭园，但在1670年（宽文十年），在中间兴建了一座乐只轩作为朱宫（后水尾天皇第八皇女）的御所，后来乐只轩变成门迹寺院的林丘寺，兴建了祭祀主神的本堂，到了明治时期移交宫内省管理，才被称为"中御茶屋"。

在三座御茶屋当中，最有名的是上御茶屋。

央有一片广大的水池，水池西侧罗列着古书院、中书院、新御殿等建筑群。在水池的南边、东边以及池中岛有笑意轩、松琴亭、园林堂等茶屋与佛堂，每一栋建筑间都有道路相连。不管是建筑

梅谷

红叶谷

三保岛

穷邃亭

土桥

码头

舟屋（船坞）

浴龙池

千岁桥

西

腰挂

滨

万松岛

码头

邻云亭

御幸门

修学院离宫的上御茶屋

上御茶屋筑有一座高度15米、厚度30米的大堤防，围住比叡山山腰留下来的溪流，形成名为"浴龙池"的大池塘。水池周围建有邻云亭、穷邃亭等茶亭。这些茶亭的建筑与自然环境融合为一，形成独特的风貌。不过相较于桂离宫，修学院离宫在建筑物的整体性上逊色许多。

正如陶特所说，桂离宫与修学院离宫的美，与聚乐第、日光东照宫和二条城形成了鲜明的对比。前者呈现的是追求传统权威的美，后者是追求现实权力的美。事实上，后者过度装饰的华丽之美与中国大陆的权位者所追求的壮丽有共同之处。同时，宫廷社会所培育的王朝美学意识，以及源自町众庶民的美感巧妙地交错，也产生了新形态的美，桂离宫建筑中也可见到与同时期岛原游郭[1]的角屋[2]相通的设计。这可说是江户时代初期，町众文化为了对抗权力而开花结果的余波，也可说是京都宽永文化的产物。

1　游郭，也写作游廓，是日本江户时代由政府管理经营的风俗场所。所谓的"郭"指的是仿照日本城郭在这片区域周围设置围墙或土沟，与其他区域隔开的做法。——编者注

2　角屋：岛原游郭中的娱乐场所，1998年被指定为日本国家重要文化财产。其建筑深具特色，为木造二层楼，其面向街道的前楼与被中庭隔开的里屋通过玄关部分连接在一起。

保津川的挖掘

从龟冈市保津桥到京都岚山这段长达 10 公里的保津川下游，是一条充满刺激的游览路线，深受游客欢迎。游客搭乘游船，将生命交给掌舵人，乘着波涛随流而下，蜿蜒于悬崖绝壁中的保津川，沿途可欣赏保津峡知名的新绿与红叶景观。

连接京都与丹波的保津川通航始于 1606 年（庆长十一年），居住在嵯峨的富商角仓了以与其子角仓与一取得江户幕府的许可，开始进行大规模的保津川挖掘工程，以便高濑船通行。

保津川的下游称为"桂川"，与淀川合流。

保津川的挖掘工程

岚山渡月桥附近的一段也通称为"大堰川"，这个名称来自古代的渡来人秦氏，他们为了开发地方，兴建了葛野大堰（筑堤储水调节水量的设施），大堰川因而得名。保津川自平安时期迁都以来就是运输木材的河道，也就是被称为"筏流"的运输方式使用的渠道。到了近世，嵯峨、梅津、桂等地就出现了一些木材批发商。例如在嵯峨，1597年（庆长二年）左右就有十六家木材商，对利用保津川运送物资的需求也就更为强烈。

本来保津峡有许多巨大的岩石，水流不时形成瀑布，船只航行不易。庆长九年，角仓了以偶然见到一种航行于备前与美作间河水平浅的仓敷川上的平底船"高濑船"。他认为"凡百川，皆应通舟楫"，于是下定决心改造保津川航运。庆长十一年正月，他获得幕府的许可，于三月开工，八月完工。他利用辘轳抬高河中大石头将之摔碎，或用火药进行爆破，工程非常艰巨。在水位较浅的河面，则在河川两侧堆积石头，蓄积水量，将有急流的河面拓宽，让水流放慢。

尽管河川挖掘工程已经完成，但是河水湍急的问题依然没有得到改善，所以航运工作需要许多优秀的船老大。角仓了以委托一群祖先原是濑户内海水兵团长、后来迁居来此的居民，让这些驾船技术高超的人担任船头。如此一来，上游生产的五谷、盐铁、石材等物资，就能利用船运经由保津川运送到其他地方。船只航行于保津川，百分之四十五的通行费用由角仓家收取，角仓家从中赚取庞大的利润。一年当中，约有一万五千石大米经由保津川运送，从丹波往京都运送物资确实便利了很多。开发后的保津川成为串连起京都与丹波、丹后山阴的重要交通干线。保津川的成功，最后发展为挖掘一条新运河——高濑川。

今日，角仓了以手执锄头的木雕像安坐在用粗绳盘成的台座上，安置在嵯峨千光寺的大悲阁，俯瞰着自己一手挖掘拓宽的保津川。

角仓了以的木像

高濑川的开掘

说到京都闹市区中能令人深刻感受到京都氛围的地方，很多人都会提到流过鸭川西边的高濑川，以及沿着河道两边的木屋町通，还有高濑川与鸭川中间的先斗町，坐落在三条四条之间，细窄的巷子两侧排列着有红色木条窗棂的房屋。

高濑川开凿于江户时代初期，是一条从鸭川引水的运河。过去，木屋町鳞次栉比地排列着买卖河川运来的木炭、木材的商店。近世的京都之所以能繁荣发达，成为物资与交通的大都市，也有高濑川的功劳。

在中世以前，要从西国运送物资到京都的中心地带，都需溯着淀川，在鸟羽或伏见靠岸，之后换乘货车或马车经由陆路运抵京都。到了1610年（庆长十五年）重建东山的方广寺时，承接物资运送业务的角仓父子为了用船只运送巨大的木材，才开始整顿鸭川。

利用鸭川运送物资的效果超乎预期地好。但是角仓父子发现流水量不稳定的自然河川有许多不便之处，因此向幕府申请新建运河。新运河在1611年开挖，历经三年完成，这就是高濑川。运河高濑川从二条木屋町往南到达伏见港，河川宽约7米，绵延长度约10公里。总工程费用高达75 000两。据说所有的运河新建用地都由角仓家出钱购买，没有来自幕府等公家机构的资金补助。相对地，幕府也同意运河完成后收取的费用，一半归角仓家所有。

高濑川的起点在二条木屋町一带，这里也是角仓家的老家。这里的"一之船入迹"今日已作为史迹保存下来。运河的工程最早始于鸭川二条略上游之处。工程先兴建了让河水沿着鸭川西岸往南流的水道。除了二条的水流入口之外，在四条、五条也设了水门或水路，作为调节水量之用。高濑川还设了许多污水引出沟，目的是为了净化川水。此外在三条往上一点的位置，在河道中央设置了堰止石，保持一定间隔设有堰板，这项设计是为了保持水深，方便船只通行。巴拿马运河采用闸门方式，以水门调节水量，堰板就是类似的设计。

高濑川从鸭川西岸往南流，在东九条西南方与鸭川合流，然后穿越鸭川经过竹田，连接到伏见。在兴建伏见港之后，京都就借由高濑川联结伏见港，同时透过淀川连接大阪。如此一来，二条船只靠岸处就成了京都的新门户，联结二条城的二条通也就成为东西向的城市主轴。

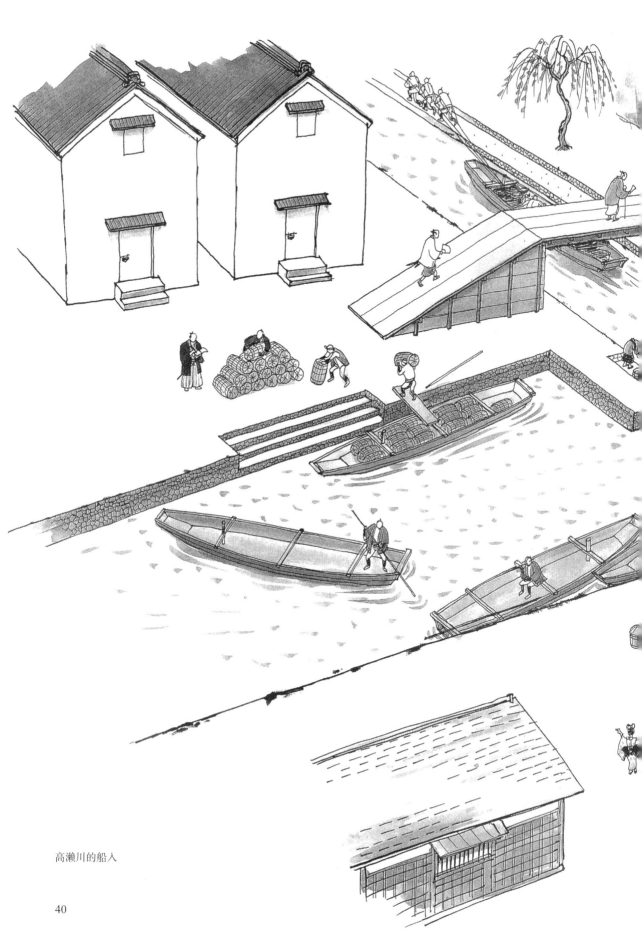

高瀬川的船入

　高瀬川的开掘使运送到京都的物资变得量多又快速，成本也更低廉，大幅改写了京都的交通与运输系统。高瀬川成了京都物资流通的干线，与连接大阪的淀川之间有三十石船[1]定期往来。以淀川为干线的水路也建构起关西经济圈。

　在高瀬船的货物堆积场和卸货场附近新建了许多商店、旅店与仓库。除了木屋町外，随着运河的开挖也催生了材木町、樵木町、纳屋町等好几处新地名，其中有些沿用至今。除了先斗町之外，还有七条新地、六条新地等花街，过去都带有以高瀬川的船客与船夫为对象而兴盛一时的游郭所遗留下来的风貌。

　角仓父子因为掌握京都与大阪间交通要道的实权，摇身一变成为富豪，一心希望与安南国（今越南）交易。没多久就以可渡海的"角仓船"与安南国展开贸易。至今，仍可从清水寺的扁额绘马[2]上一窥这艘船的容姿。高瀬川虽说是角仓父子所完成，但这么庞大的事业之所以得以成就，应说还是源自町众累积的力量，所以即使政治中心迁移到江户，京都仍具有强大的意志力，维持其商业中心的地位。

1　三十石船：能载运三十石米的船只。
2　绘马：信徒在祈愿实现后，为了感谢神社寺庙所奉献的绘板。

町众文化之花——鹰之峰

京都举行五山送火仪式的大文字山北侧，有一个名为"鹰之峰"的村落。在这片从贺茂川右岸开阔低地延伸出的高台处，伫立着许多独具特色的房屋。这里是近世初期的大艺术家本阿弥光悦发展出的光悦町。现在的地名虽然是京都市北区鹰之峰，但在过去，鹰之峰就位于丰臣秀吉建造的土居外，属于与都城连接的洛外地区，也就是京都与丹波必有之路上被称为"长越"的地方。

本阿弥家自室町时代起从事刀剑研磨、擦拭、鉴定工作，与诸大名、德川家康都有接触。1615年（元和元年），大夏之阵过后，德川家康将洛北鹰之峰赐给本阿弥光悦。大约在元和到宽永年间绘制的《光悦町古图》显示，光悦町东有玄琢町，西有纸屋川，北有与千束町相连的山岳，南边则邻接土居。在这块面宽六十间（约108米）的土地，以光悦家为中心，建起了拥有五十五间房屋及四座建筑的法华寺院。居民都是信奉法华宗的京都町众，包括富商茶屋四郎次

郎、尾形光琳与尾形干山兄弟的祖父尾形宗柏等人。信奉法华宗的"法华一揆"町众，在这里创造法华宗理想的"释迦国度"，成就一个小规模的"皆法华圈"。他们也邀请造纸家宗仁、制笔家妙喜、漆绘家土田宗泽等与工艺关系密切的人迁居此地，于是诞生了艺术的故乡"鹰之峰光悦町"。

他们沉浸在茶道的世界，专注于制作陶艺、漆绘、漆器。这里可说是过去压倒战国武将的町众文化最后崭露锋芒的地方。他们之所以能发挥书法、陶艺、漆艺等才华，创造出代表桃山时代到江户初期艺术家的光悦作品，都是因为鹰之峰艺术家村落形成的关系。此外，缘起鹰之峰的艺术家还有画家俵屋宗达，尾形光琳继承了本阿弥光悦和俵屋宗达的才华，为元禄文化增添光彩。

1637 年（宽永十四年）光悦过世，其子光瑳、其孙光甫接手带领这个艺术家之村前进。不过到了 17 世纪末，本阿弥家迁移到江户，艺术家之村的传统也随之消逝。鹰之峰实现了过去遭战国武将企图摧毁的"法华一揆"的理想，成就了全民法华信徒的梦，让近世的艺术百花盛开，因此备受瞩目。

河原与艺能

鸭川潺潺流动，承载着京都人的欢乐与哀愁。

四条通南座东边的"目疾地藏"以能治愈眼疾而闻名，据说这尊菩萨原本叫作"雨止地藏"，是守护的鸭川不要酿成灾害的神祇。河原向来饱受水灾威胁，自古以来就是社会边缘人、受歧视者生活的地方。

这里的住民被称为"河原者"，他们创造出日本庭园与歌舞伎之类了不起的艺能。鸭川与一般陆地河流不同，除了雨季外，水量少，常枯竭，所以形成了宽广的冲积河原。这片冲积河原屡屡成为战事的舞台，以及尸骸曝晒风化的地点。它也是"落书"的出现地，刻意将黑函放在此地让过往行人发现。这里还是公开的行刑场。当秀次遭到丰臣秀吉放逐自杀身亡后，他的妻妾、子女共三十人就是在三条河原受刑身亡。

但进入近世，鸭川的河原却成了最有活力的地方。鸭川有纠河原、二条河原、三条河原、四条河原、五条河原和六条河原，人气聚集，其中尤以四条河原最为热闹，因其连接着祇园社的大门。

1603年（庆长八年），出云女祭师阿国跳起一种名为"KABUKI"（かぶき）的舞蹈，这便是著名的出云阿国的登场。"KABUKI"写作"倾"，当时将盛装打扮走在街上的人称为"倾奇者"，因此所谓"倾舞"也就是指风格华丽奇异的舞蹈，之后才写成"歌舞伎"。

阿国刚开始只是利用北野神社的狂言舞台表演少女舞（ややこ踊），强调女性身体的美。她模仿当时倾奇者的风俗，将舞蹈编成音乐剧。据说她在舞台上扮演衣着华美的男角，表演男性与茶店女郎和游女嬉戏的情景。舞台前后还有穿着美丽衣饰的几名女性，和着新乐器三味线的乐声跳着倾舞，十分受民众欢迎。后来倾舞就成为专属于四条河原的舞蹈。

在新的欢乐窟四条河原，承袭阿国倾舞的游女跳着舞蹈，年轻的歌舞伎表演者不久就让倾舞开出茂盛的花朵。

倾舞刚开始只在芦苇秆搭建的小屋表演，到了元和年间（1615—1624），四条河原已经有七间小屋，形成一条戏剧街。宽永年间（1624—1644）更出现常设舞台。有夯土地（土间）和看台（栈敷）两种观众席，四面围着竹篱，正面有木材搭建的望楼，这就是正式的戏剧小屋。后来，戏剧街不断拓展，从四条河原东边的南座、北座一直延伸到了祇园社门前。

今天，位于四条大桥东侧、每到年底就会演出著名"颜见世"[1]的南座剧场，依然静静地传递着历史。

---

1 颜见世：原指演员或演出曲目等首次公开登场，此处特指歌舞伎的演出活动，全称"吉例颜见世兴行"。

游艺世界——从岛原到祇园

散布在京都各地的游女町，到了近世逐渐合并成为六条柳町。从庆长七年到宽永十七年（1602—1640），六条柳町一直是获得政府允许的游里（游郭）。桃山时代十分繁荣的风月场所二条柳町，到了江户时代经过一番整理建设，变成通往二条城的东西向干线二条通，二条柳町于是迁移到六条柳町。六条柳町又称为"六条三筋町"，由当时的上、中、下三町组成游郭。此时正值游女歌舞伎盛行的时代，游女舞者精通各种技艺，当时的游女中就有如被灰屋绍益赎身的吉野太夫一样非常有教养的女性，精通和歌、茶道、香道等艺能。

宽永十七年，六条三筋町的游里迁移到西本愿寺西边郊外的朱雀野，"岛原游郭"于是诞生。游里的周围挖掘了一条宽约一间半（约2.7米）的土沟，内侧筑有土墙，刚开始只在东侧设有一处出入口，后来又设了西口。在游里的正中央位置铺设了一条东西向道路，还有三条与中央道路垂直的南北向道路。

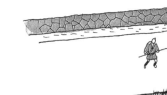

过去盛极一时的繁荣景况至今仍可通过当时属于扬屋[1]的角屋，以及属于置屋的轮违屋[2]一窥风情。角屋有宽永时期的遗迹，各个房间大胆创意的设计、光泽绚丽的美丽用色，都清楚传达出传统日本数寄屋[3]式建筑的创意。

游里挖沟渠筑土墙包围整个地区，只设一处大门，这样的结构在江户的吉原、大阪的新町都相同。站在如今的岛原大门前，就可感受到游里大门与以町为单位的街区中常见的防御设施钉贯很类似，但同时也可以感受到两者使用目的的差异。岛原的大门是为了区隔游里与一般街市，将游女与一般社会隔离。

泷泽马琴对游里迁移到岛原一事有过描述。原来，有一次所司代板仓重宗在巡视洛中时，遇到一位像是公家夫人的女子，便让路给她。当板仓重宗询问那位女士是谁家夫人时，得到的回答竟然是"太夫"[4]。板仓重宗勃然大怒曰："将游里设在市中才会引起如此混乱！"于是命令将游里迁移到岛原。从这个故事可以了解，在当时的京都，贵族比武家拥有更高贵的气质与权威，而游里太夫拥有让人错认为贵族的文化素养，但是依然地位卑微，受人歧视。

---

1 扬屋即客人宴游的娱乐场所，置屋为游女平日的居所，原则上不允许在这里接待客人。置屋的经营者负责供养训练游女，并将其派遣到各家扬屋陪客。——编者注
2 轮违屋：轮违是指瓦的拼贴花纹，通常是筒瓦上下交错拼贴的形状。
3 数寄屋：日语中"数寄"与"好"同音，因而以此指代风雅之事，后特指茶。因此，数寄屋指茶室，也指简素雅致的茶室风建筑。
4 太夫：游里中地位最高的游女。

岛原

据说，岛原最繁荣的时期在元禄年间（1688—1704），在元禄文化的形成中扮演着重要角色，同时也孕育出风流、优雅、专精等日本人对美的特有感受。不过岛原的地理位置并不方便，于是又诞生了祇园、二条、七条、北野等游里。

祇园位于祇园社的门前町，而且靠近戏剧小屋所在的四条河原，人来人往特别热闹，游女屋十分繁荣。到了1790年（宽政二年），这里就成了公认最主要的游里。

角屋

堀川塾

学术中心

相对于"政治之都东京""商业之都大阪"，京都的定位则是"学问之都"。事实上，一般都知道人口中学生所占比例的城市以京都最高。京都的学问在今日的京都大学仍呈现同样性格，就是偏重于纯粹的学术研究，而不是应用科学，因此京都的学风表现为不畏权势和批判权力。这种学术传统一直到近世依然存在于京都市民之间。

堀川塾是江户时代初期的儒学学者伊藤仁斋（1627—1705）开设的私塾。伊藤仁斋虽然是生意人家的长子，但是喜好学问，把家业让给了弟弟

继承，自己埋头在汉学书籍中。在研读汉学的过程中，伊藤仁斋发觉当时学术主流的朱子学掺杂了大量的佛教与道教思想，因此开始探究"何为真正的儒学"。他重视研究《论语》《中庸》《孟子》等儒教典籍，因而被称为"古学"。伊藤仁斋的研究经常有独到的见解，并且与有志之士举行讨论会，不知不觉间学子日增，于是诞生了堀川塾。

朱子学是幕府的官学，伊藤仁斋却公然批判朱子学。这种不惧权力、大胆主张的作风，继承了宽永时代在鹰之峰等地处处可见的京都人精

神，也让堀川塾逐渐发展，直至规模庞大。伊藤仁斋的亲朋中有几位富豪朋友，如角仓氏、里村氏、尾形氏，而他本身在宫中也扮演着学术顾问的角色。伊藤仁斋于七十九岁过世，生前四十多年间教导的门徒达三千人，这让堀川塾的名声响遍全国，成为日本的学术中心。

出生在丹波农村的石田梅岩（1685—1744），来到京都在商家担任长工，同时也学习神道、佛教与儒教。终于领悟"道"乃存在于大自然中，于是提倡"人有人之道"理论。1729 年（享保十四年），他在车屋町发起"町人哲学"，即心学运动，倡导人应俭约正直，商人应有从商之道，经济与道德乃殊途同归之物。手岛堵庵作为石田梅岩的弟子，在许多地方成立了传授心学的教室，如五乐舍、修正舍、时习舍等。1782 年（天明二年），京都的锦小路通室町东入设立了心学教室"中心明伦舍"，直到幕府末期，心学教育一直都很兴盛。

心学授课时分为男子席和女子席

书 店

出版这种大众传媒技术被开发后，信息的传播方式发生了大幅改变。京都长期以来以禅宗五山为中心，从事佛教典籍与中国书籍的复刻工作。但历经应仁之乱等战乱后，寺院的出版活动逐渐停摆。

1590 年（天正十八年），意大利籍耶稣会传教士瓦林纳尼（Valegnani）将活版印刷机传入日本，最早在长崎的岛原开始了活版印刷活动。这就是从西方传来的"耶稣版"。然而，这种活字印刷术并未给京都的出版文化带来很大的影响。

此外，文禄·庆长之战[1]又从朝鲜带回古活字版。利用朝鲜的汉字活字，日本也开始使用木活

---

1 文禄·庆长之战：丰臣秀吉第二次企图远征中国明朝，途中与李氏朝鲜发生的战役总称。中国称为"万历朝鲜争争"，时间跨度为 1592—1598 年。

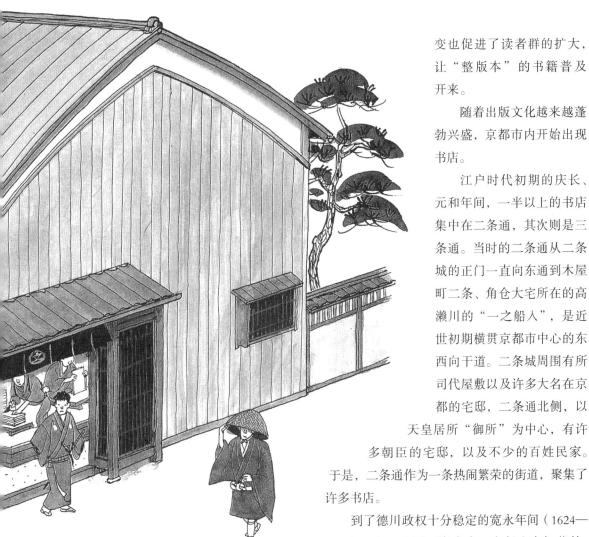

变也促进了读者群的扩大，让"整版本"的书籍普及开来。

随着出版文化越来越蓬勃兴盛，京都市内开始出现书店。

江户时代初期的庆长、元和年间，一半以上的书店集中在二条通，其次则是三条通。当时的二条通从二条城的正门一直向东通到木屋町二条、角仓大宅所在的高濑川的"一之船入"，是近世初期横贯京都市中心的东西向干道。二条城周围有所司代屋敷以及许多大名在京都的宅邸，二条通北侧，以天皇居所"御所"为中心，有许多朝臣的宅邸，以及不少的百姓民家。于是，二条通作为一条热闹繁荣的街道，聚集了许多书店。

到了德川政权十分稳定的宽永年间（1624—1648），人民生活逐渐安定，出版也愈加蓬勃，京都出现了四十多家书店。三条通位于通往江户的东海道起点，与二条通并列，在日益繁荣之后也开始出现书店。

进入町人文化十分繁盛的元禄年间，人们读书的范畴渐广，出版的书籍也从过去的佛书，拓展到儒学、国风、和歌、俳句、歌谣、名胜介绍等许多领域。

与此同时，在二条通、三条通之外，寺町通的书店也栉比鳞次。根据浮世草子[1]之一的《元禄大平记》描述，京都市内有七十二家书店，其中十家是大型的书店。

字版来印刷书籍。庆长年间（1596—1615），角仓素庵（与一）出版了《伊势物语》一书，本阿弥光悦也出版了用纸和装桢都十分精美的美术书，诞生了"嵯峨本""光悦本"等充满美感的书籍。

到了正保、庆安年间（17世纪中叶），木活字本已供不应求。由于书籍的需求增加，因此利用整块木版直接雕刻文字与绘画、进行印刷的"整版本"，就具有了经济效益。这项演

---

1 浮世草子：江户时代的小说形态，内容偏向描写町人的日常生活。

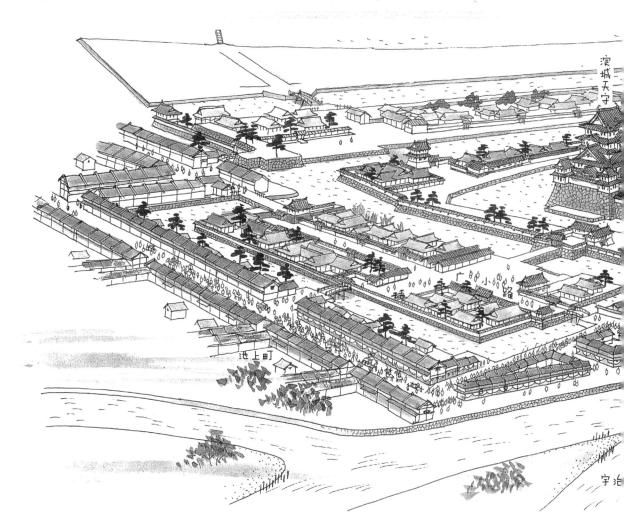

淀城下町

　　沿连接京都与大阪的淀川左岸行驶的京阪电车"淀驿"车站西边，有一座残存石垣的古城遗迹。这里是江户时代"淀藩"的城郭遗迹。讲到淀城，可能有人会想起丰臣秀吉为淀君所筑的那座城，但是，据说秀吉为淀君所盖的淀城是在这处遗迹北边一个叫作"纳所"的村落附近。目前这处遗迹，是1623年（元和九年）前任将军丰臣秀忠下令由松平定纲筑造，之后陆续由永井、石川、户田、松平、稻叶的领主继承的一处城郭。

　　淀城所在的位置并不算好，丰臣秀忠选择此

处，是因为看上了这里是淀川上游的木津川、宇治川、桂川三条河流汇流的交通枢纽。而且它位于京都盆地南端，驻扎在此，随时可前往支持京都所司代。这里的藩主一直都是谱代大名[1]。

　　淀城的天守阁来自庆长年间建造的二条城。1626年（宽永三年），因为后水尾天皇将到此巡行而大加整修，将伏见城的天守阁迁移到二条城，再将二条城的天守阁迁移到淀城，而且，当初从二条城迁移到淀城的天守阁原本又是郡山城的天守阁。日本的城郭建筑，随着时代的流转不

1　谱代大名：指在关原之役前就追随德川家康的大名。

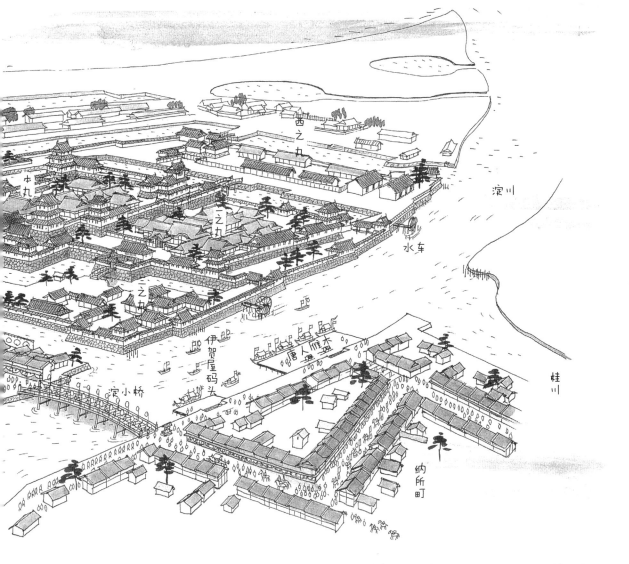

断被解体和迁建。

淀城交通便利，其城下町也成为通往京都的要道上的一个热闹驿站。当时，幕府为了防备各藩国直接与朝廷勾结，规定各地大名为了"参勤交代"[1]前往京都时须事先取得幕府的许可。即使是朝鲜通信使等外国使节团也不能直接谒见天皇，不得在京都过夜。因此不论是参勤交代的大名，还是朝鲜通信使等外国使节团，都需搭乘行驶于淀川的船只，溯川到淀城过夜，翌日一大早出发，过京都而不入，驻扎近江。

这些由朝鲜国王派遣的通信使带着国书与贡品组成使节团，在江户时代共计访问日本十二次，除了最后一次1811年（文化八年）在对马接待外，其余十一次都是以三百至五百人规模的大队人马行经淀城。关于淀藩如何接待1748年（延享五年）使节团的晋见，留有详细的历史记录。根据记载，淀藩从使节团上岸的海边到住宿的地点，沿途悬挂灯笼与布幔，装点得十分华丽，并在城内实行交通管制。

通信使来访时，淀藩还向附近的居民借用马匹、人力，协助接待与货物搬运，因此百姓也有机会接近朝鲜人。此外，据说当时要前往江户的西洋人与中国人也都居住在淀城。就这样，淀城代替京都扮演起了国际都市的角色。

1　参勤交代：江户幕府规定各地大名要在江户和藩国之间轮流居住的制度。

京屋敷

江户时代的京都除了二条城外，还有大名居住的宅邸，与大名为了因应当时的参勤交代制度而在江户城周边所建的宅邸一样各自分散在城町四处，而非集中在一个地区。

在 1637 年（宽永十四年）的"洛中绘图"中，可见到有二十座东国大名与四十八座西国大名的"京屋敷"[1]。不过由于幕府限制各大名进入京都，即使在参勤交代制度下进京，也必须事先取得幕府的许可，所以大名其实没有太多机会使用他们的京屋敷。但根据贞享年间（1684—1688）发行的《京羽二重》记载，当时的京屋敷反倒增加到东国大名二十五座、西国大名五十八座。

这可能是因为京都在整个江户时代一直是传统的权力中心，武士家为了仪式祭典也要在此建宅邸作为联络处吧。不过，京屋敷除此之外还扮演更重要的角色。京都拥有丰富的传统文化，京屋敷其实也是各大名采购京都的美术工艺品、服装等商品的窗口。京屋敷曾经又被称为"吴服所"，各地的大名利用宅邸取得西阵织[2]等吴服[3]。位于江户的大名宅邸则是大名采购华丽的生活饰品、日用品的进货窗口。

但是从宽永年间的"洛中绘图"来看，很多京屋敷并没有面对大街，反而建筑在小巷中。中世时期的一个町，内部会切割成正方形的区块，中央空地是共用的水井与厕所。到了近世，有前院的房屋增加（见 62 页），各户人家都有了独立的水井与厕所，中央空地失去了共享功能，于是就被用来建筑京屋敷。进入近代，这些京屋敷的旧址又被改造兴建小学等公共设施了。

随着时代的改变，江户中期的京屋敷也发生了很大的变化。原本京屋敷是诸大名用来采购的窗口，后来却逐渐成为处理销售事务的地方。丹波的园部藩就是一个很好的例子。经济学者海保青陵（1755—1817）是丹后宫津藩的家老[4]之子，他的著作《稽古谈》记载了园部藩京屋敷的情况："园部藩京屋敷中有学识丰富的人才，不局限于

---

1 京屋敷：指江户时代诸藩大名在京都设置的宅邸。
2 西阵织：京都西阵所纺织的绫罗绸缎等高级丝织品的总称。
3 吴服：裁制和服的衣料，特指丝织品。
4 家老：武家的家臣中地位最高的官职。

武士的生活框架，在经济方面也下了相当有意思的功夫，将园部藩的物产、土产通过京屋敷销售出去，让藩内财政好转，逐渐富裕起来。"园部藩是首创利用京屋敷推销土产的藩。海保青陵还在书中描述道，小兵藩、彦根藩之后也追随脚步，销售当地土产的咸鱼和丝织品"滨缩缅"。

于是，这些藩国开始舍弃"就算没得吃也要叼着牙签装吃饱"的武士理论，推销自家的产品以赚取利润。各藩国的京屋敷也因此增加了新的功能——销售自家藩内的物产与土产。

友禅染

利用河水漂洗布料上的
染料及黏着剂的友禅流

传统产业日趋发达

前文提到，各地大名原本在京都建筑京屋敷的主要目的是将其作为窗口购买"京物"。纺织品、染制品、陶器、工艺品等京都的物产，到了近世后吸引了大众的眼光，也为人们的生活增添色彩。

最具代表性的京都物产非西阵的纺织品与京染的染制品莫属了。西阵织承袭自古以来的传统，拥有无可比拟的高超纺织技术。尤其是当初为了躲避应仁之乱，许多纺织师傅移居到堺，见识到了进口纺织品的技术。这些工匠于战乱后回到京

都，选择在西军阵地的旧址发展纺织业，这里也就被冠以"西阵"之名。到了17世纪，纺织机的数量急遽增加。但是1730年（享保十五年），一场大火烧毁了3 000台纺织机，据说在那之前西阵拥有7 000台纺织机，其中有不少是必须两三人共同操作、需要高度技术的"高机"[1]。

与纺织品齐名的是著名的京都和服布料友禅染，据传是元禄年间由画师宫崎友禅斋发明的，运用纸版染出缤纷多彩的花样，设计充满大胆的

1　高机：一种复杂的手织机。

梳子　　　　　　　　　发簪

提袋

京烧

御所人形

扇子

创意，其工艺大量运用了鸭川与桂川等美丽河川丰富的水流，逐渐发展成熟。

京都的陶器被称为"京烧"，江户时代以后成了京都具代表性的产业。在仁清窑推出彩绘的陶器后，更让京都陶器的名声如日中天。仁清是丹波的陶工，本名野野村清右卫门。他在栗田口修习制陶的方法，在濑户地区学习茶器制作，1647年（正保四年）于仁和寺前建造了烧窑，在金森宗和的指导下开始烧制茶道用的茶陶。他所烧制的陶器被形容为"典雅优丽"，非常受茶道界喜爱。仁清窑的陶器被称为"古清水"，是京烧的典范。到了1699年（元禄十二年），尾形乾山也在现右京区鸣泷建造了烧窑。相比仁清，尾

形窑讲究闲寂。京都的烧窑虽然以这两处为主流，但是音羽、清闲寺、清水等东山一带的"清水烧"也十分受欢迎。除此以外，八烧、栗田烧、御菩萨烧、东福寺烧、修学院烧、音羽烧、押小路烧、野神烧、御室烧、乐烧等京都各地的烧窑也生产陶器。由此，京烧逐渐拓展到了各地。

京都的特色商品除了前述的纺织、烧陶之外，还有京白粉（化妆的粉底）、京红（口红、腮红）、京果子（甜点）、京人形（人偶）、京扇子、京袋物（提袋）、京佛坛等其他冠上"京"字的物产。这些物品当时让京都的产业盛极一时。京都的物产承袭了传统工艺，再加上熟练的技术与设计，诞生了崭新的"京物"。

讲授茶道

传统艺术中心——家元制度的确立

　　阅读《京羽二重》一书中的"诸师诸艺"一项可了解到，在现御所以南、五条通以北、河原町以西、堀川通以东的区域，聚集了各式各样的宗师宅邸，包括儒书讲读、医书讲读、俳谐师、地下歌、围棋、茶道、笛子、太鼓、能太夫、狂言师、歌谣、插花等等。

　　《京羽二重》在1685年（贞享二年）首次出版，是介绍京都的实用书籍，为后世带来很大的影响，曾经数度再版。在各版本中，"诸师诸艺"一直是固定项目，这可能是出版者认为，除了寺院神社外，各种艺能教学也是京都的重要特色吧。

　　各种艺能教学中，一直到今天最有名还是茶

道。众所周知，茶在平安初期从中国传来，成为一种高雅的室内艺能，14世纪中叶从茶会中逐渐发展出固定的仪式。从寄合艺能"一味同心"的传统[1]中经过约一个世纪，孕育了极为日本式的饮茶法。对日本茶道有心得的人，以挂饰、花饰精心布置室内空间作为饮茶的舞台，使用具有艺术价值的茶壶、茶碗等器具泡茶，然后一边欣赏这些布置和茶器，一边品茶，享受愉快的气氛，是一种主客一体的室内艺能。

　　将教导茶汤冲泡方法的人组织起来，并传承各种茶道礼仪的制度，名为"家元制度"，其中最具代表性的家元有千家与薮内家。千家后来又

1　寄合：日本中世乡村自治的集会制度。一味同心：指在寄合等集会中成员共饮食以增进亲密度的传统。——编者注

分裂为表千家、里千家和武者小路千家，他们都是集茶道之大成者千利休的子孙。

进出茶道家元的不止希望学习茶道的人，还有陶工、制壶师、漆涂师、木器师、裱褙师、金匠、袋物师等工艺师。他们主要是来推销自己的制品，其中包括被尊称为"千家十职"[1]的工艺师。这些工艺师傅的技术精进也促进了京都传统工艺的发展。

与茶道齐名的另一种技艺是以池坊为代表的花道。池坊的始祖是室町时代中期顶法寺六角堂的僧人池坊专庆。江户时代初期，花道是一门只为皇宫、大名家以及寺院做装饰的手艺，到了中期也开始在町众之间普及。当时除了池坊外，还

有许多流派，确立了家元制度。花道也通过剪刀、小刀、花器、书画挂轴等与工艺家有所合作，为传统艺能的发展带来力量。

京都家元制度的代表，除了茶道、花道外，还有香道、能乐等。江户时代的京都可说是传统艺能的中心。

这些流派宗师都将根据地设在历史悠久的京都，因此具有权威，组织也能持续发展。一旦入门当弟子，总会希望自己一生中能有一次机会造访最具权威的家元，因此家元制度好像也借由学习艺能，加深了各地人们对京都的向往与憧憬。

---

1 千家十职：专为千家生产茶道相关器具的十大世家。

花道大会

町组与町会所

前文曾经提及，动荡的战国时代，町众团结起来让自治共同体逐渐壮大，也加强了自治的能力。到了 16 世纪上半叶，町与町之间联合起来成立了名为"町组"的自治组织，但是并不具备自卫的功能，主要是以自治体的营运为目的。

织田信长入京后，将京都纳入一统大权的势力范围，原本扮演自治核心组织的町组也成为织田信长统治的工具。经过整个江户时代，京都的町差不多已经固定成形，有一千几百个。幕府将这些町分为几个町组，包括上京十二组、下京八组、公家町六组，彻底成为行政机构的一环。构成町组的各町的代表为"町年寄"[1]，负责管理浪人、查访当时被禁止的基督教徒等工作。每个町都会选出一名町年寄，并由一组名为"五人组役"的官差辅佐，办公处设在京都奉行所。

换句话说，在京都的行政组织中，地位最高的是京都所司代，末端则有町年寄与五人组役。例如 1723 年（享保八年）的规定，各町须选出一名町年寄，任期三年，五人组役则需选出三人，任期两年。有官差候选资格的人仅限于在京都拥有房子的屋主，而京都将近六成租屋而居的房客，是没有资格参选的。

但是，中世末期的町组传统并未因此失传。各町有"町规"，以町为单位制定町内的各种规定，推动自治的运作，例如提议一个町具体需要哪些职业的入住者。商业地区的町会婉拒"用火不小心"的人家迁入，入居者的行业包

括锻造店、澡堂、金属容器店等等。馒头屋町规定不欢迎"与本町风格不相符的行业"。每个町都拥有自己的特色，骨屋町不欢迎同业进驻，相反地，蛸药师町则只欢迎从事绢布买卖的同业人家迁入。

关于各町的建筑规定，御仓町有"建筑须制作纸门，不可挂长门帘，不可架设陈列架"，馒头屋町有"建筑房屋时不可采用格子式设计，不可在房屋间设置小巷子"，"不可将房屋出租"

等。每个町都有自己的详细规定，以保持整体景观的一致性。町民对统一的外部空间，也就是公共空间的充分关心，才能形成今日所见的京都城市景色。

在江户时代，各町设有由町民出资建成的"町会所"。每个町的町会所都设置在居民共有的建筑中，是町中居民聚会的场所。町会所中居住专门负责传达通知、征收町费等町内杂物的町用人，职务为"会所守"，有的还兼营理发店业务。

町会所的二楼是孩子聚会学习"便用谣"等童谣的场地。便用谣是为了方便记住京都的町名，将町名加上旋律编成的歌谣："丸竹夷二押御池，姊三六角蛸锦，四绫佛高松万五……"（见前环衬说明）。町会所传承了中世町堂的传统，扮演町中集会场所的功能。

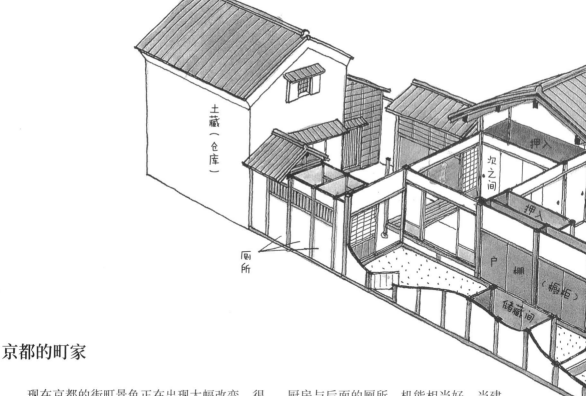

土藏（仓库）

厕所

押入

次之间

押入

户棚（橱柜）

储藏间

京都的町家

现在京都的街町景色正在出现大幅改变，很多人呼吁"若要看京都街町景象一定要趁现在"，也有人认为"想体会京都街町的景象现在为时已晚"。今日的京都街町景象以及町家景观，大约是在江户时代中期形成的。

喜田川守贞1810年（文化七年）出生于大阪，之后来到江户。他写过一本名为《守贞漫稿》的近世风俗志，书中比较了京都、大阪、江户三座城市，并记录各地的风俗与见闻。喜田川守贞将京都以及大阪靠近京都的町家分类为巨户、中户、小户三种。

巨户型町家内会分为两大空间，一是接待客人的前方空间，一是日常生活用的后方空间。前方空间包括大门、玄关、书院。不论是武士还是朝臣的住宅，基本架构都很类似。

京都町家中最具特色的是中户型。中户型最特别的就是建筑的门面都很窄，但是又深又长。之所以形成这种结构，是因为京都土地有限，须有效分割利用。从入口进来一直走到屋底，贯穿建筑头尾的空间被称为"通庭"。通庭连接大门、

厨房与后面的厕所，机能相当好。当建造的房屋是在一块大小不等的基地上，以现成的规格化构件搭盖房子时，通庭还具有重设基地的不同尺寸、让规划作业能顺利进行的功用。

京都的町家，与武士住宅的书院造建筑、寺院建筑、朝臣宅邸、农家等相比，有着不同的规划设计手法。町家以外的住宅，要先在土地上构筑围墙或利用植物作外墙，然后再设计里面的建筑物。而町家建筑则须在有限空间内建造许多房屋，栉比鳞次连成一排，这种建筑群也是町建筑的特色。因此，京都的町家与街景，可说是京都町民所创造的独特都市景观。京都的居民运用敏锐的造景直觉与智慧，与木匠合作构筑自己生活的空间，营造出井然有序的市容。

小户型建筑的门面宽度在二间（约3.6米）以下，大多是小巷里由一间间房屋排列构成的"长屋"，这类长屋过去都是共享厨房、厕所与水井。这种京都庶民的居住形态从古代一直延续到中世。

一般的町家，面对道路的门面一侧都表现出朴素的特质，而主屋里间的客厅、主屋后方次屋

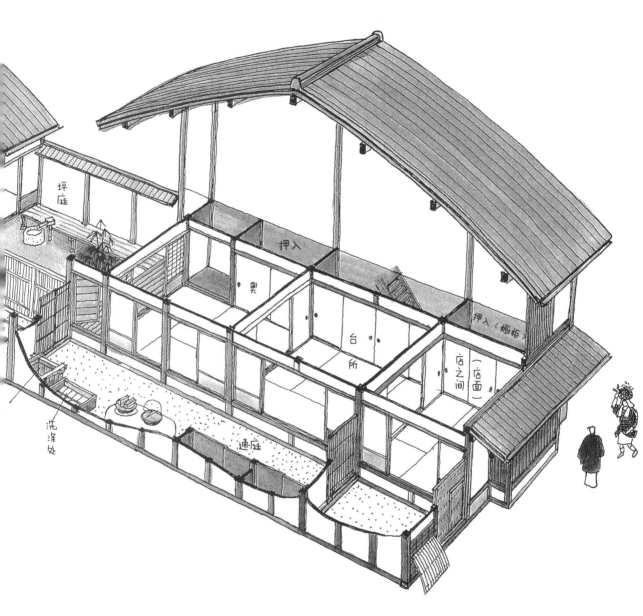

坪庭

押入

奥

押入（橱柜）

台所

店之间
（店面）

洗涤处

通庭

（離れ）的客厅则为了展现财力打造得十分豪华。现在只要一到祇园祭期间，京都就会举办"屏风祭"，在客厅装饰屏风、书画，还会公开町家内部，展露出住宅的华丽模样。这种装饰方式是因为过去政府下达禁令、俭约令，所以居民常将面向外的房间布置得很清寒，但是向内的房间则以违反禁令的物品装置。这是京都居民自古代以

来直接面对权力、权威时培育出来的庶民生活智慧，由此也可看出京都人固有的气质。

另一方面，武士宅邸则很重视大门、玄关、书院，也就是接待客人的空间，而不注重私密、对内的日常生活空间，两者形成明显对比。整个江户时代，个人受到僵化的身份以及严格的阶层限制，生活方式也出现了如此明显的差异。

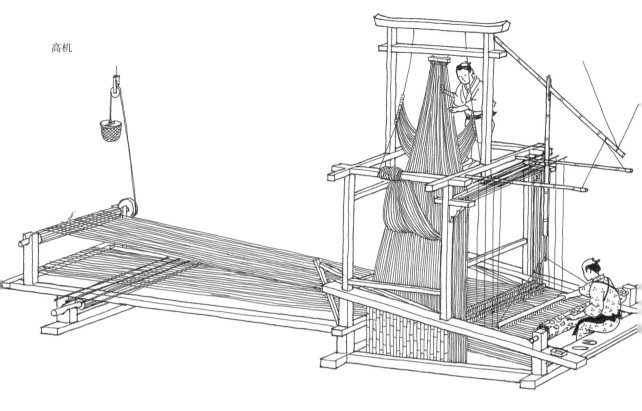

高机

西阵与地方纺织业

京都产业中最为著名的就是西阵织所代表的丝织品。十返舍一九[1]在剧作《东海道中膝栗毛》中描述西阵织的美和友禅染的华丽时写道："之所以有人着迷于京都的服饰而散尽家财,是因为越来越沉迷西阵的织布工房用堀川的水漂洗过的染色花纹,那就像是真的花朵般令人惊艳。"

在应仁·文明之乱后,西阵逐渐壮大发展成纺织业的大本营。西阵除了传统的平机外,也开发出名为"高机"的纺织机。在江户时代初期,利用高机生产的町数多达一百六十个,其中西阵成为纺织业的中心,位处京都也确立了其在日本纺织业独占鳌头的地位。

对西阵织的盛衰影响最大的因素是原料生丝。从中世以来,唐丝(中国产生丝)就是日本主要的进口项目,但是到了1604年(庆长九年),幕府为了便于统治制定了"丝证件制"[2],规定唐丝先由居住在京都、堺、长崎的特定商人独家采购所需的量,再将余额分配给日本各地的商人。这个制度限制了进口数量,抬高了唐丝的价格,因此纺织业以日本制的和丝取代唐丝,各地也开始生产生丝。日本和丝的生产促进了各地纺织业的发展。

西阵在享保年间(1716—1736)出现了大幅改变。

首先在京都北边、面对日本海的丹后地方发展出纺织业。这里的纺织技术承袭自西阵的织物技法,生产中心在峰山与加悦。到了18世纪中期,宫津藩已经拥有约一千台纺织机,峰山藩则

---

1 十返舍一九:江户后期的剧作家,本名重田贞一。
2 丝证件制:日文原文称为"丝割符制"。

拥有约两百台纺织机，其至能够销售三万六千反[1]的绉绸到京都去。丹后的绉绸技术还如火星四散般流传到了近江的长滨，其至关东的桐生地区。

1730年（享保十五年）六月二十日下午，从上立通室町西入传出的火苗在强风的带动下将西阵一百三十四个町烧个精光。约有民宅三千八百户、寺庙七十处，以及七千台西阵纺织机中的一半被烧毁，打击严重。

尽管乡下的丝织品被称为"田舍反物""田舍绢"，但需求依然不断成长。以丹后绉绸为例，制造中心加悦、后野、三河内三个村子的纺织机数量在明和年间（1764—1772）有一百五十八台，约三十年后增加到三百四十九台。

一方面，西阵织虽然一直维持最高级品的评价，但逐渐失去了独占市场的优势。另一方面，

传承了绉绸技术的地方也不断努力，质量更接近西阵织的水平，技术等级也越来越高。这种追赶精神不仅因为京都是纺织业的大本营，更因为地方在文化上对历史悠久的京都有所憧憬。

例如近江的长滨在丰臣秀吉担任城主的时代开始举办的曳山祭，就是仿效京都的祇园祭。曳山祭所用的十二座曳山中，凤凰山的见送幕就采用哥白林织法，织有成对祇园祭鸡鉾的花样。据说这个见送幕是在1817年（文化十四年）从一位京都商人手中买来的。到了近世，长滨不再具有城下町的功能，为了再度成为庶民之町，恢复町的功能，长滨城推动生产滨缩缅以振兴地方。随着经济发展，憧憬京都町众庶民文化的长滨城通过曳山祭来宣示建立新町众文化的决心，力图成为另一个"小京都"。

---

1 反：一反约等于一套和服所需的布料长宽。

长滨的曳山祭

西向海运的开发

在西阵逐渐丧失市场独占优势的同一时期，另一件大事也加剧了京都的经济衰退。宽文年间（1661—1673），从日本海往京都运送物资的航道出现大幅变化。

自古以来，东北、北陆、山阴出产的物资都由船运经日本海到敦贺、小滨卸货，再经琵琶湖运至盐津、海津、今津等港口改用丸子舟渡过湖面往南，到了大津、坂本再走陆路越过逢山运送到京都。

1671 年（宽文十一年），河村瑞贤受托将羽州（出羽国）村山郡幕府领地生产的米运送到江户，没有在敦贺将米卸下改陆运，而是用船运将其从下关经濑户内海送到大阪后再改陆运，等于打开了西向的海运路线。由于这项尝试的成功，沿岸各地也开始建设船舶停靠港。这条新航道不久就发展成大阪经由太平洋连结江户甚至北海道的"北前船"航道。大阪也因此成为"天下的厨房"，稳固了经济地位。

由于西向海运的发达，使得经过京都的物资量剧减。新航道除了运送大米，也运送海产、加

松前　箱馆
能代　青森　八户
土崎　宫古
福浦　酒田　石卷
柴山　小滨　新潟　荒滨
　　　三贺
下津井　敦贺　江户
温泉津　兵库　京都　三崎
下关　尾道　大阪　平潟　那珂港
　　　　堺　　铫子
　　　鸟羽　下田　小凑
　　　方座

- - - - 西向海运路线
········ 东向海运路线

66

三国港

贺的原木、轮岛的漆器、高冈的铜器、富山的药材、越前的奉书纸等各种北方物产。京都运送物资的收益因此减少，商业中心的地位也大受影响。在江户幕府抢走政治中心的地位之后，京都再度丧失了商业地位。

经由琵琶湖的运输路线由于需要几番转运，手续耗费繁杂，同时也容易受天候影响，因此无法与百分之百利用船运的西向海运竞争。为了解决货物转运的不便，并且与西向海运相抗衡，京都商人田中四郎左卫门在 1669 年（宽文九年）向京都町奉行所提议兴建一条连结敦贺与琵琶湖岸

盐津的运河。但是这项计划遭到敦贺郡农民的强烈反对。

后来在 1720 年（享保五年）、1815 年（文化十二年）和 1855 年（安政二年），这项连结日本海与琵琶湖的运河计划又数度被提出，并且尝试测量，然而始终无法实现。不过，明治时期完成了连结琵琶湖与京都的琵琶湖疏水渠道，算得上是该运河计划的延伸。从不断被提出的运河计划中，可一窥京都的先人为了克服内陆城市弱点所展现的坚强意志，令人印象深刻。

东海道的枢纽——三条大桥

三条大桥 1590 年（天正十八年）由增田长盛奉丰臣秀吉之命建造，之后几度遭河水冲毁，现在的栏杆上仍然装饰着传说故事的雕刻画。三条大桥是东海道的起点，也是从江户到京都的终点。桥的东端是欢送亲友出发旅行的地点，桥的西端则是迎接亲友旅途归来的场所。在桥的西端还有刊登法律规章的布告栏。

到了江户时代中期，旅行成为带有娱乐性质的活动。不知何时能再重逢，以水代酒互相道别迈向异国旅程的那种悲壮气氛成了过去式。这是因为旅途的道路比过去安全，沿途也有了完善的住宿设备。原本是大名参勤交代的专用道路也开放给一般人使用。

到了近世初期，从《东海道名所记》开始，出现了一批介绍京都见闻的书籍。1802 年（享和二年），剧作家十返舍一九描写弥次、喜多二人途中异闻的作品《东海道中膝栗毛》一书上市，受到热烈欢迎，这可说是拜当时百姓开始追求旅行乐趣的时代潮流所赐。

旅行人口一旦增加，人员往来互访，到处就出现了消费场所和观光胜地。京都除了本身就是天子所在、百姓信仰的大本营之外，城内的许多名胜古迹也开始成为知名的观光地。金阁寺等名胜在当时已开始收取入寺费（拜观费），向民众开放。观光

导览书也在这个时代成为普通人熟悉的书籍。

介绍京都的观光导游书籍从江户初期就陆续出版，最早可以追溯到1658年（明历四年）的《京童》，之后有1665年（宽文五年）的《京雀》、1685年（贞享二年）的《京羽二重》、1689年（元禄二年）的《京羽二重织留》等等。但是京都正式被定位为观光城市，是在1780年（安永九年）发行的《都名所图会》（六卷十一册）中。这本书由秋里篱岛撰文，大阪画师竹原春潮斋信繁绘制插画，是一本前所未见、视觉效果丰富有趣的导游书籍，上市即成为畅销书。在江户时代，书籍通常初版只发行500册，但是这本《都名所图会》却在很短时间内就售出数千册。在这本书的风行助力之下，除了京都，也陆续推出江户等地的《名所图会》，掀起全国的观光旅游热潮。

"三条桥是从东国进入平安城（京都）的入口，许多贵族、庶民旅行往来于此，京都的繁华通过这座桥可见一斑。"

这是《都名所图会》对三条大桥的描写。由于这本书的影响，许多人前来京都游览。江户作家泷泽马琴就是其中一人。泷泽马琴把他当时的见闻写成了《羁旅漫录》。书中写到京都有"三大好"，女子、贺茂川的水、寺院神社；也有

成就堂

钟楼

仁王门

三重塔

经堂

田村堂

西门

大黑堂

清水寺

"三大坏"，市民小气、料理、舟船的船班；还有"五不足"，鱼类、乞丐、上等煎茶、上等香烟、有情有义的妓女。

《都名所图会》中描写的三条大桥的热闹繁华景象至今依然，只不过当年桥两侧堆满了装马饲料的笼子。一直到近年来，出发到大阪的京阪电车还是以这座桥的东侧为起点，让人回味过去三条大桥东侧作为"东海道五十三次"[1]终点的年代里呈现了怎样的气氛。

除了人来人往外，货物运送也很频繁。从大津跨越逢山，再从粟田口到三条大桥这条路，是自中世以来就被称为"马借""车借"的运送业者活跃的舞台。到了江户时代，为了通行方便，顾虑安全性，在这条道路的路面凹处铺了两列车石。现在沿着蹴上[2]的道路，还留有这些车石的遗迹。三条大桥的桥面很窄，车水马龙，虽然可以通行马匹，可是为了避免牛车载运的货物与牛的重量损伤桥梁，妨碍行人通行，牛车被要求从鸭川水位较浅的地方渡河。

---

1 东海道五十三次：指东海道上的五十三个驿站。
2 蹴上：东海道上从山科地区进入京都的要道名称。

地主神社

释迦堂

河弥院堂

本堂

奥之院

音羽之泷（瀑布）

寺院神社与观光名胜

京都自古以来就有许多圣地和道场。12世纪，由后白河法皇编选的歌集《梁尘秘抄》中有"观音灵验的寺庙有清水、石山、长谷……"的词句，那时的人们纷纷从京都造访大和、近江等地进行巡礼。

这种观音道场的巡礼名为西国三十三所巡礼，自平安时代以来就广为流行。在这些寺院当中，位于京都的有位列第十一座的上醍醐寺、第十五座的观音寺、第十六座的清水寺、第十七座

的六波罗蜜寺、第十八座的顶法寺（六角堂）、第十九座的行愿寺（革堂）和第二十座的善峰寺，共七所寺院，若再加上宇治的一所及大津的三所就有十一所。在《西国三十三所名所图会》这本导游书出版后，许多人会再前往伊势参拜之后也造访京都。

相对应地，京都人之间流行的则是"洛阳三十三所"观音寺巡礼。从第一座观音寺顶法寺的六角堂开始，最后绕到第三十三座清和寺，参

71

化野念佛寺

祇王寺

瀧口寺

小仓山

二尊院

常寂光寺

向井去来之墓

落柿舍

野宫

天龙寺

临川寺

法轮寺

渡月桥

拜京都市区和周边的观音寺院。即使是一般庶民信仰的弁财天也有二十九座寺院，第一座是功德院，第二十九座是岩本坊。除此以外还有元三大师[1]巡释十八所、弘法大师二十一所和洛阳法华二十一所等等，都是京都庶民可以在一两天内巡礼和游幸的路线，受到大众的欢迎。

此外，宗教仪式也成为庶民一年四季的活动，与人民的生活有密切关系。在1676年（延宝四年）出版的《日次纪事》[2]中，可看到元旦当天般舟院祭拜的元三大师画像，一月五日东寺祭拜的五百罗汉画像，还有十五日嵯峨清凉寺本尊释迦像开放时百姓祭拜的景象。十六日千本阎魔堂与鹿苑寺不动明王石神像的参拜总是十分热闹。因此每个月寺院总会举办祭拜仪式，参拜场面热烈非凡。这些活动与参拜胜地的属性以及西国三十三所巡礼的风俗结合，和京都的都市生活

以及经济发展之间存在密切关系。

除了寺社巡礼之外，当时也很流行名胜巡游。以嵯峨野为例，古代的嵯峨野是平安京贵族宴游的地点，有一些离宫与山庄；此外，嵯峨野山麓是与东边的鸟边野规模同等的知名墓地和化野（风葬地）。古代末期战争频仍，京都笼罩在战火频频的不安气氛时，嵯峨野就成了京都居民隐遁的处所，吸引了许多对当时绝望、想要逃离现实的人。西行法师[3]（1118—1190）与寂莲法师[4]（1139—1202）都在此建造草庵作诗、念佛，藤原定家也在此处的山庄编写完成《百人一首》。念佛修行普及开来后，清凉寺著名的嵯峨释迦堂就成了当地的信仰中心。日本因天皇血缘的正统纷争而分裂成南北朝之时，大泽池旁的大觉寺也成为其中一处的据点。不久，大堰川畔兴建起京都五山之一的天龙寺，开山始祖梦窗国师受美丽的景观吸引，订定了天龙寺十境的范围，思考境内该如何规划。进入近世之后，嵯峨野出了一位名为角仓了以的庶民，以一己财力开凿大堰川，为嵯峨野带来大幅改变。

嵯峨野自古以来就是物语、和歌与谣曲的舞台，不仅出现在史书中，也是文艺作品赞颂的地方。事实上，《源氏物语》的物哀和《平家物语》的无常观都以嵯峨野为舞台上演，展开漂泊之程的松尾芭蕉[5]，也在落柿舍[6]看到了嵯峨野的大自然因历史与文艺的点缀而呈现出的别样风情。嵯峨野的风土民情经过文学的表现，更增添一层魅力，受到人们的喜爱。

1　元三大师：指复兴日本天台宗的良源上人。
2　日次纪事：江户前期对以京都为主的全年祭典活动的解说。
3　西行法师：平安末期到镰仓初期的歌僧。
4　寂莲法师：镰仓初期的歌僧。
5　松尾芭蕉：江户时代的俳句大师。
6　落柿舍：芭蕉弟子向井去来的茅屋。

幕府末期的京屋敷与新选组

江户时代的京都是一座几乎与政治无缘的城市，但是到了幕府末期，却摇身一变成为政治动荡的中心。这一转变主要源自外国要求日本开国。

1853年（嘉永六年）六月，四艘黑船出现在浦贺港，严重震撼幕府。有一首打油诗描述美国东印度舰队司令佩里率领船队到来时的景象："蒸汽船夜半惊醒盛世梦，上喜撰只饮四杯不成眠。"[1] "喜撰"是茶的品牌，"上喜撰"则指高级的喜撰茶。其实在佩里的黑船到来之前，荷兰国王已建议日本开国，法国军舰也曾不顾日本抗议强行进入长崎港，英国船只曾进入江户港测量。总之，外来的压力日渐增强。日本也清楚感受到西欧列强为了追求贸易的利润与殖民地的统治，已用军舰威胁到日本近海。

当时的日本只容许荷兰、中国和朝鲜与自己通商，而且只开放长崎港，实行锁国政策，完全无视外来压力。第二年正月，佩里再度率领船队到来，在三月与日本签订了"日美和亲条约"。日本一旦容许美国船只进港，自然没有道理拒绝其他列强的船只靠岸。日本终于被迫走到了该开国进入世界市场，还是继续锁国政策对抗欧美各国的分水岭。

事实上，在实行锁国政策期间，世界各地的情势多少也通过长崎港传进了日本，例如鸦片战争导致中国清朝受到殖民地般的对待。对日本而言中国是"圣人之国"，竟然被"夷狄之邦"英国打败，这给日本的知识分子带来很大的冲击，也让日本也开始拥有"进步的西洋"与"停滞的东洋"的危机意识，对于日本走向的意见对立也日益加深。在这种状况下，自古以来就是权威象征的天皇扮演了重要角色。

日本展开了一场政治论争，辩论与外国签约时是否需要天皇敕令。同时，将军继承人之争也被卷入其中。本来将军应由天皇任命，在幕府权力大彰的时代，签约的敕令和将军的任命都只流于形式，而此时却有声音呼吁天皇重掌实权。这场将天皇本人当作筹码的政治运动，使天皇与公卿成为风暴的中心。

幕府再度认识到京都在政治上的重要性，任命原本负责防卫江户湾的谱代大藩彦根藩的藩主井伊直弼防守京都。于是，彦根藩在接近高濑川的河原町三条下东边建造了藩邸。这应该是因为该处有利于经由高濑川、淀川通往伏见和大阪之故吧。不久之后，全国各藩也竞相在京都市内建筑宅邸。

在这场政治运动当中，诸藩大名为了收集信息、取得联络，纷纷派遣家臣到京都。这个趋势让过去藩主在京都购置的宅邸除了采购京都物产外，被赋予了新的功能。原本因碍于幕府颜面而鲜少在京都露脸的大名，也纷纷开始出现在京都。大名屡屡率领众多家臣前往京都，当宿舍不敷使用时，就借住在大寺院中。来自各藩的众多藩士，除了寺院外，也会寄宿在旅馆、民家宅邸和町会所中。

没过多久，各藩的京屋敷就迅速整建扩增。有些外样大名[2]，例如对幕府末期政治贡献良多的萨摩藩、土佐藩和长州藩，在京都都拥有两处以上的宅邸；有些藩则拥有寺院般的大规模宅邸，如加贺藩、锅岛藩、肥后藩等。

1860年（安政七年）三月，井伊直弼在樱田门外遭暗杀，导致京都有段时间无人防守。此时，政治情势开始向朝廷与幕府合作的"公武合体"

1　这首打油诗利用了日语中"蒸汽船"与"上喜撰"的同音。
2　外样大名：在关原之役后才追随德川家康的大名。

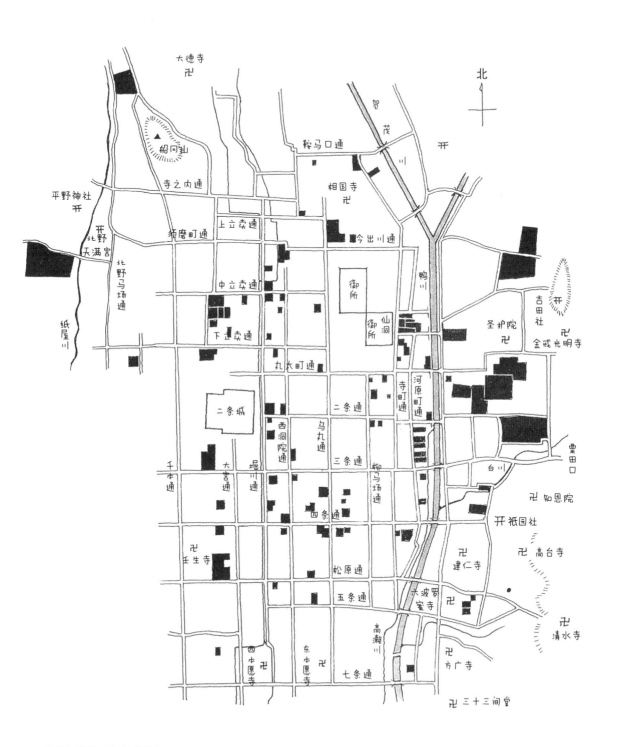

北

大德寺
卍

船冈山

寺之内通

鞍马口通

相国寺
卍

贺茂川

开

平野神社
开

北野
天满宫
开

北野马场通

纸屋川

须磨町通

上立卖通

今出川通

中立卖通

御所

鸭川

下立卖通

仙洞
御所

圣护院
卍

吉田社
开

金戒光明寺
卍

九大町通

二条城

西洞院通

乌丸通

二条通

寺町通

河原町通

二条通

三条通

柳马场通

知恩院
卍

千本通

大宫通

堀川通

三条通

白川

栗田口

四条通

祇园社
开

高台寺
卍

壬生寺
卍

松原通

建仁寺
卍

清水寺
卍

五条通

六波罗蜜寺
卍

高濑川

西本愿寺
卍

东本愿寺
卍

七条通

方广寺
卍

三十三间堂
卍

幕府末期设置在京都的大
名藩邸（标识涂黑之处）

75

金戒光明寺成为守护京都驻军的大本营

方向发展，皇室将公主和宫[1]下嫁给德川家茂将军，成全了一桩策略性的婚姻。京都不久之后也成为政争与武力角逐的舞台。

1862年（文久二年），萨摩藩藩主之父岛津久光假借要向朝廷表述意见之名，率领一千名藩兵进入京都。这项举动当然未曾获得幕府的许可。这一年进入京都的大名超过了五十人。

同年闰八月，幕府命令会津藩藩主松平容保护卫京都，同时管理京都治安并镇压反幕势力。年底，松平容保率领数百兵士进京，这支队伍从三条通到达寺町后转向北边，到关白的近卫宅邸致意之后，在建造得宛如城郭的黑谷金戒光明寺驻扎下来。

守护京都的总部一旦设置在鸭川以东的上冈崎村黑谷，对京都市内以及京都近郊也会产生很大影响。从各地进京都的各藩武士开始长期进驻京都，征收洛东（京都东边）与洛西（京都西边）的农村土地，在这一带兴建大规模的练兵场与藩邸，同时作为训练西洋武术的训练场。以黑谷一带为例，加贺藩、阿波藩、安艺藩、越前藩、彦根藩和萨摩藩几乎在同一时间建造了藩邸，土佐藩和尾张藩则将藩邸建造在北边的百万遍，也就是今天京都大学校园的位置。沿着鸭川，也就是目前京都大学东南亚研究中心一带，则建造了会津藩邸。京都悄悄地变身成为各藩藩士驻扎的军事都市。

---

1 和宫：日本孝明天皇的妹妹，亲子内亲王。

翌年，京都守护职在釜座下立卖上新建了宽广的宅邸。同时为了展现公武合一的成果，也让将军德川家茂进京。上一次将军进京还是第三代将军家光的时候，这也是自家光后二百三十年以来的首度大事。当年家光进京是为了展现幕府的威风，这回家茂的目的则完全相反，为的是修复因"日美友好通商条约"而使朝廷与幕府之间日益加深的鸿沟，稳定混乱的政局。

在德川家茂进京之前，幕府从江户召集了三百名剑术高超的浪人，让他们先行抵达京都负责警卫，其中的一部分人后来组成了著名的"新选组"。新选组的总部选在洛西的壬生村，村中悬挂着书有"诚

忠"两个大字的骑马提灯。这个身穿浅葱色外衣、袖口有白色山形纹的暴力集团，因他们的壬生浪士身份被京都人称为"壬生浪"，人人望之生畏。

由于新选组的出现，支持朝廷的勤皇派，反对外国人入境的攘夷派，以及主张应该开国、支持幕府的佐幕派之间的争论更加激烈，甚至出现暗杀事件。遭暗杀的人的首级被放置在鸭川，搞得京都百姓无法招架。暗杀的对象除了武士外，也波及商人、朝臣宅邸的佣人。幕府末期的京都成了一个血腥世界。

人称"壬生浪"的新选组

御所

宜秋门

咚咚火灾

不论在什么时代，政争引发的大混乱最后都会使庶民百姓受到伤害。幕府末期的京都居民也难逃这个命运。更为悲惨的是，1864 年（元治元年）七月十九日发生了"蛤御门之变"（禁门之变），在京都引发了一场大火。

这场争斗肇因于"八一八"政变，也就是在前一年八月十八日发生的一起军事政变。在此之前，朝廷一直由长州藩支持的三条实美等攘夷派公卿掌权，但是担任京都守护职的会津藩藩主松平容保与萨摩藩等推崇公武合体派公卿掌权的计划成功，夺下了攘夷派的权力。攘夷派公卿于是逃往长州，丧失了官位。这场军事政变的成功，让支持幕府的佐幕派势力更加强盛。

随后，佐幕派彻底检举京都的攘夷派人士，新选组作为治安警察，发挥了强大的功能。1864年（元治元年）六月五日发生了"池田屋骚动"，导致七人遭杀害，二十三人被捕。松平容保奖励新选组的功劳，称赞他们手段高超。可是这起事件，也强固了攘夷派志士的团结。

支持攘夷派的长州藩因此事件而大为震怒，率两千兵力上京，以武力为恃，要求赦免遭逮捕的公卿和藩主。六月二十四日，第一队抵达伏见，其余人众也陆续到来。在向朝廷提出请愿书的同时，躲藏在各地的志士也开始结集，在山崎、伏见和嵯峨形成阵营。由于他们无视朝廷的劝退，在七月十九日早晨与防守京都的兵士发生战斗，数万名兵士以京都市街为战场展开了一场巷战。

布阵在嵯峨天龙寺的长州兵一再突破敌营的警戒线，来到了蛤御门前，与萨摩、筑前、会津和桑名的藩兵展开战斗，蛤御门周围瞬间陷入巷战，变成人间炼狱。两军以洋枪大炮互相攻击，甚至发展成一场敌我难分的肉搏战，整个京都陷入巨大混乱，大炮追着逃入百姓家中的兵士轰击，引起大火延烧。从河原町二条下的长州宅邸窜出的火苗在北风的助长下转瞬延烧开来，直到二十一日早晨才被扑灭。遭烧毁的市町约八百町，总计二万八千余户民宅遭烧毁。这场大火被居民称为"咚咚火灾"或"铁炮火灾"，因为引发大火的源头是枪炮相互攻击。京都也因为战火受到重创。

江户时代的后半，皇居御所也在1788年（天明八年）发生火灾，之后又在1854年（嘉永七年）、1858年（安政五年）陆续发生大火。但是任何一场大火，都无法与"咚咚火灾"

蛤御门

相比，因为在那场火灾中，京都居民承受了战争与大火两种灾难。京都市区几乎遭焚烧殆尽，一直要到明治时代才完全恢复市町的繁荣。

蛤御门之变带来了出人预料的结果。公武合体派也就是幕府权力最终获得了胜利，而且各藩再度派兵追讨长州藩，但是彼此并不团结，反倒刺激敌方的萨摩藩与长州藩结盟。这项演变导致幕府威信下滑，终于走上灭亡之路。1867年（庆应三年）十月十四日，幕府在二条城结集各藩的代表，讨论"大政奉还"（将政治权力归还朝廷）事宜，本为将军进京兴建的城池却成为最终见证幕府崩坏的场地。在这里，将军德川庆喜终于提出将政权奉还朝廷。

快速凋落的首都

京都人还要经历一次战乱的洗礼，才能告别幕府末期的动乱，迎来新的时代。这就是1868年（庆应四年）的"鸟羽·伏见之战"。从今天的京都市南区到伏见区大半都陷入战火当中。

战争发生前不到一个月，也就是庆应三年十二月九日的"王政复古"宣言，可说是由萨摩与长州改革派发起的一场不流血政变。但是要完全掌控权力，仍须仰赖武力。

当时在京都内外，民间都掀起希望稳定社会的呼声，刮起一阵被称为"这样也好"的风潮。王政复古宣言之后，幕府政治的确已经落幕。但是对王政复古感到愤怒的旧幕府军和挑起怒火的萨摩、长州新政府军的动向也让京都、大阪之间弥漫着一股不安的气氛。翌年，驻扎在大阪的旧幕府军进入京都，与前来阻止的新政府军在伏见发生冲突，在鸟羽展开战斗。激烈的战斗让伏见与淀的街道弥漫战火，这场战役就称为鸟羽·伏见之战。在这场战争中，旧幕府军战败后逃向大阪、关东，战火也随着逃窜的轨迹蔓延。这场战役一直持续到把战败避藏在函馆五棱郭、由榎本武扬所率领的德川余党都降伏才算结束。这就是著名的"戊辰战争"。

鸟羽·伏见之战结束，京都的幕府势力被一举消灭，朝廷急忙重整行政机构制度。这时，古代律令国家的行政机构"太政官"再度复活，用来夸耀幕府权力的二条城也由新政府接收，设置了太政官代一职。当时的报纸《东西新闻》刊载道："太政官迁移到本愿寺，皇居迁移到二条城，并以桓武天皇兴建的大内里为蓝图，在东起鸭川、西至堀川、南起绫小路、北至今出川的京都城区，设置并修复皇居。"这就是维新政府的首都规划。京都市民对于王政复古以后新政府以京都为政治中心的规划，充满热切的期盼。

为了治理京都市，日本政府在庆应四年三月成立了京都裁判所[1]。同年闰四月，京都改称"京都府"，开始建立地方行政机构体制。但是在新政府的初期阶段，国家的行政体制却与京都府合而为一。为了让国家与京都府的体制分离，翌年1869年（明治二年）三月，天皇二度巡行东京。在太政官迁移到东京之后，天皇也正式迁都东京。

其实在迁都东京之前曾出现有关迁都大阪的讨论。就在启动戊辰战争的鸟羽·伏见之战获胜后不久，当时新政府的实际领导人大

---

1 京都裁判所：即京都法院。

久保利通就主张新国家的首都应迁都到大阪，认为大阪比内陆的京都更为恰当。日本政府也为此举办了政府高层参加的三职会议，但由于公卿激烈反对，迁都大阪的计划也被搁置了。另一方面，天皇却决定要亲征大阪。天皇在大阪停留的一个月左右时间里，讨幕军平定了关东地方。天皇回到京都后没多久，庆应四年四月十一日江户城就决定"不流血开城"。七月，江户定名为"东京"，与西边的京都相呼应。这项定名也宣示了天皇计划以东京为政治中心的打算。至此，新政府内部正式开始讨论迁都东京的计划。

九月八日天皇将年号改为"明治"，并再度前往东京。这次巡幸是为了让过去与天皇疏离的东国人民能更贴近天皇。新政府的领导者们看到天皇东巡对清扫旧幕府势力、加强东国统治起到了巨大的作用，终于下定决心舍弃京都。

翌年三月，天皇再度东巡，同时，公卿、诸侯、官吏和有势力的商人也都赞同将太政官迁往东京。从庆应三年年底到此时的一年三个月间，京都是实质上的政治中心，扮演着首都的角色。同年秋季，皇后也决定出发到东京，此时京都出现了"结党竖旗，数千人聚集在石药师门"要求"天皇陛下，请您回到京都"的诉愿活动。相对地，新政府也提供奖励给镇压住骚动的町区，安抚百姓，以对抗这些诉愿活动。这就是名为"市民镇抚"的活动，制止了人民要求天皇回归京都的请愿。

在这些变化过程中，新政府的相关人员也陆续离开京都，禁里御所与仙洞御所周边的公家町也逐渐消失，离开京都迁往大阪的商人也不在

天皇东巡

鸟羽·伏见之战（伏见奉行所）

少数。政府迁都后不久，原本有七万户居民的京都人口减少了一万户。

　　经过一千年的时间，京都终于失去了帝都的地位，市中心开始空洞化，市民大失所望，原本的传统景观也大幅改变。1873 年（明治六年）京都举行了一场世界博览会，选用的地点就是原来的御所。在政府迁都以后，御所也开放让一般市民参观。朝臣宅邸的旧址成了相扑、戏剧演出的场地，稻荷社[1] 的牌坊成了名为"集书院"的图书馆的大门，寺院的石墙被拆掉用来建造护城河的石桥。当时破坏寺院、毁坏神佛雕像的行为一度十分猖獗，这更进一步导致京都市中心的空洞化。

1　稻荷社：祭祀米谷神祇的神社。

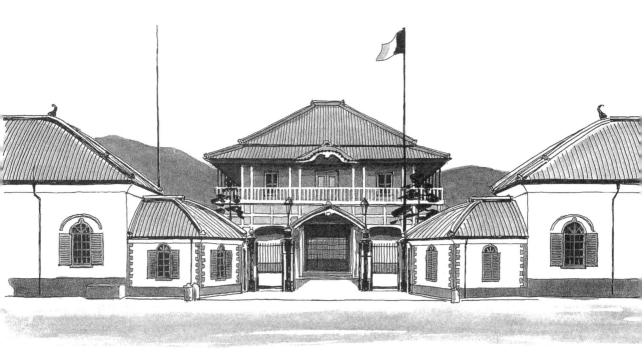

劝业场

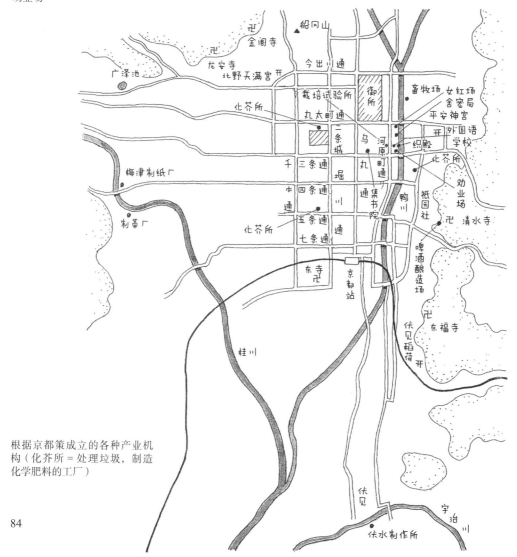

根据京都策成立的各种产业机构（化芥所＝处理垃圾，制造化学肥料的工厂）

84

舍密局（物理化学研究机构）

梅津制纸厂

第一期京都策

政府迁都东京，让京都面临严苛的考验。在幕府末期，京都一度成为政治动荡的中心，在明治维新的推动下，不仅失去其政治枢纽的地位，也丧失了自平安京设置以来就很稳定的传统权力中心的角色，可说陷入了废都的危机。

但是京都市民并不因此屈服，为了克服困境，官民同心协力积极推动各项政策。这些政策被当时的京都人称为"京都策"（京都发展政策）。

京都策分为三期，第一期从 1868 年（明治元年）到 1881 年（明治十四年），第二期到 1895 年（明治二十八年），第三期到 1912 年（大正元年）。

首先来看看第一期京都策的内容。

京都先于日本其他地区制定了多项推动现代

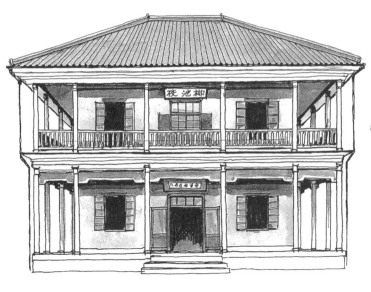

柳池校（日本第一所小学）

春日校（小学

化的奖励产业措施，涵盖领域从政治、经济扩展到学校制度，广泛推动了改革。计划并负责执行这些改革计划的重要人物是槇村正直。他原本为长州藩的藩臣，在新政府中担任"权大参事"职务，后来还成为京都府知事。除此以外，从旁协助的伙伴还包括在鸟羽·伏见之战中失去双眼、在狱中书写意见书而备受重视的山本觉马，以及产业奖励课长明石博高——他是京都出生的技术人员，十分注意国外技术，也曾是一位企业家。

当时为了发展京都，兴建了包括现日本银行京都分行的建筑，这栋建筑位于河原町二条下一之船入町，原本是长州藩官邸的劝业场。从京都御所到二条城、所司代屋敷、寺院等地都设置了新的产业设施，反映出京都政府对未来的目标，例如在文件上就记录着"京都市内全部作为各行各业的街道发展，年年增加各种机械，专注于兴盛物产"。由此可知，京都政府当时将发展产业城市作为复兴京都的重点。

从 84 页的地图可以看出，京都为了推动传统产业的现代化，在市区设立了名为"织殿""染殿"的纺织厂和染布厂。同时为了引进现代产业，又在桂川、宇治川和鸭川畔成立了梅津制纸厂、伏水（见）制作所和畜牧场。这些政策让京都领

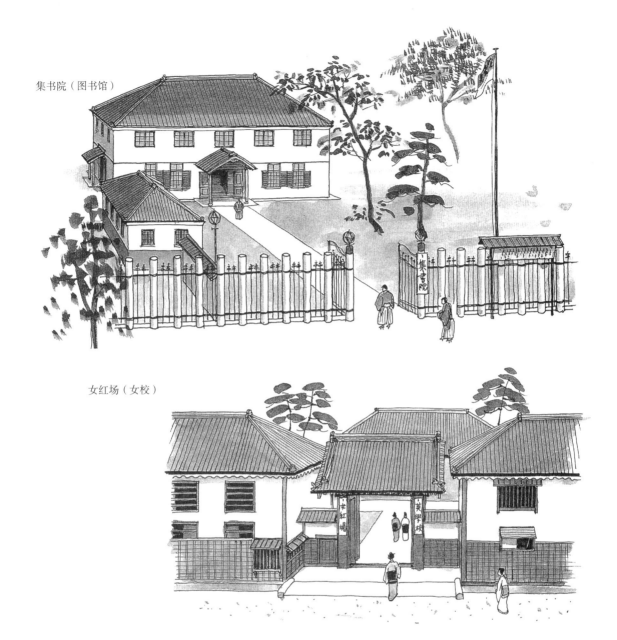

集书院（图书馆）

女红场（女校）

先日本其他地区，率先引进西洋的先进技术，并推动兴建产业设施，送留学生到西欧学习技术并提高研究水平。

第一期京都策的特色是在广泛的文化与教育改革的基础让引进西洋的先进技术。京都领先日本其他地方成立了小学、中学、女校、外语学校，还设立了博物馆和被称为"集书院"的图书馆，并发展医院、设置卫生机构种牛痘。其中甚受瞩目的是，比1872年（明治五年）日本政府发布全国学制还要早三年，京都就以中世町众庶民所孕育的传统自治组织"町组"为单位，率先成立了六十多所小学，町组再度以小区形态成为新的社会中心，小学建筑也成为各个町组的中心与象征。

创办庆应义塾的福泽谕吉在《京都学校记》中感动地写道："在民间设立学校、教育人民是我长期以来的梦想。今天我来到京都，看到自己的梦想得以实现，那种感觉就像回到故乡遇见亲友一样。"

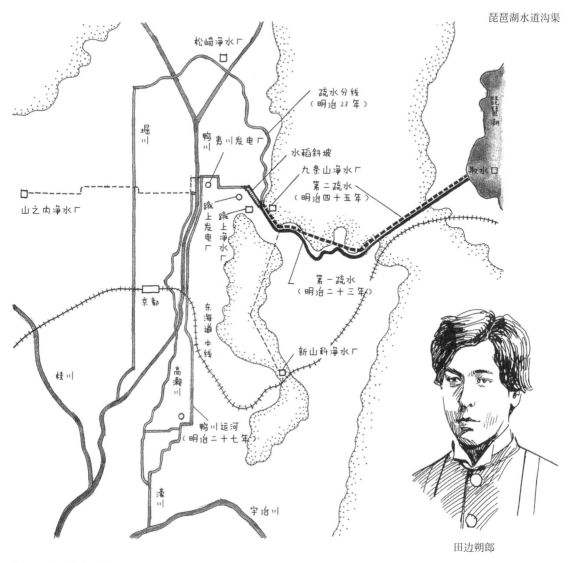

琵琶湖水道沟渠

松崎净水厂

疏水分线
（明治23年）

鸭夷川发电厂

水稻斜坡

九条山净水厂
第二疏水
（明治四十五年）

堀川

取水口

琵琶湖

蹴上发电厂

蹴上净水厂

山之内净水厂

第一疏水
（明治二十三年）

京都

东海道本线

新山科净水厂

桂川

高瀬川

鸭川运河
（明治二十七年）

濑川

宇治川

田边朔郎

第二期京都策

　　明治初年，京都虽然追求产业现代化，但是一路走来并不顺利。现代产业虽然沿着临海地区发展起来，但是京都本身缺乏生产原料，同时作为一个内陆城市在运输上并不方便。当时主要的能源是煤炭，但是京都距离煤炭产地十分遥远。为了解决这个问题，京都开启了多年以来的梦想——疏水计划。京都可以通过疏水道与琵琶湖相连，进一步通过淀川连接大阪，确保运输路径和运力。这就是第二期京都策。

　　这项疏水计划由京都知事北垣国道委托当时刚从工部大学（现在的东大工学院）毕业的田边朔郎推动。那时候田边朔郎已实际到现场调查过，并根据调查结果撰写了以疏水计划为题的毕业论文。在论文的书写过程中，田边朔郎的右手因为实验不幸受伤，但他性格坚毅，没有因此受挫，凭着左手完成了毕业论文。1883 年（明治十六年），田边朔郎刚从大学毕业，就被京都府延揽担任京都府技师，执行疏水计划。到了 1885 年（明治十八

年），疏水计划终于付诸实践。

田边朔郎列举过琵琶湖疏水计划的几项优
点，包括："一、水车的动力足以带动工业发展；
二、从琵琶湖通往大阪湾的运河能带来运输便
利；三、琵琶湖疏水道可供洛北一带的稻田灌溉
使用；四、水车动力可用来磨米；五、水道水可
引至市区，有助于防火；六、可让京都市民饮用
水不虞匮乏；七、水道引流到市区水量较少、污
浊不卫生的小河川，有助于净化市区河川。"

最重要的是，这项工程一扫京都在天皇迁都
东京后的落寞景象，使之重新复活。这项疏水计
划可说是一项让历史都市重生、非常先进的地区
综合开发计划。

这项困难的工程即使是外国工程师主持都不
易成功，更何况是由日本人独立推动，田边朔郎
的辛苦可以想见。但他意志坚定、不屈不挠，在
他缜密周全的计划下，整项工程终于在1890年
（明治二十三年）四月大功告成。

水道的斜坡轨道（在斜坡铺设轨道，把船放在台车上运送）

在原本的计划当中，预备在南禅寺一带让疏水道沿着东山山麓向北流，再从白川经过一乘寺延伸到高野，然后在疏水道上设置水车，帮助纺织业等传统产业迈向现代化。京都打算在鹿谷设置美国霍利奥克（Holyoke）式的水车厂，吸引纺织机等传统产业到这里投资。如果当时这项规划成功，那么东山山麓的历史景观将大为不同。可是，1888年（明治二十一年），美国阿斯彭（Aspen）成功发展出小规模的水力发电，这项消息传来，京都面临该采用原本设计的水车式设备还是更换为水力发电式设备的问题。

介于此，京都市派遣田边朔郎与政府代表高木文平前往霍利奥克与阿斯彭视察，最后决定不采用水车动力模式，而是在蹴上兴建日本第一座水力发电厂。这座发电厂于明治二十四年开始供应电力，由于这座发电厂的兴建，让西阵等散布在京都市内的工厂实现了电气化，让东山山麓的历史景观不至于因工厂公害而遭到荒废。

当时沿着从南禅寺、永观堂、若王寺到银阁寺门前的水道，栽种了许多樱花树，这就是人们熟悉的"哲学之道"。南禅寺院区内水道渠道的水道桥、水路阁与周遭的传统景观非常协调，这项实验性手法解决了现代化与传统文化保存的课题，对于今日的我们依然具有远大的意义。

位于蹴上的日本第一座发电厂初建成时

水路阁

91

平安迁都一千一百年——叮叮电车与博览会

　　1895年（明治二十八年），京都举办了一连串堪称明治时代最大规模的活动。当年一月，日本第一条路面电车通车。三月，平安神宫建造完成。从四月到七月，在今日冈崎公园一带举行了第四届国内劝业博览会。十月，举行迁都一千一百年祭典，后来这项祭典成为京都三大祭典之一的"时代祭"。

在冈崎举办的第四届国内劝业博览会会场

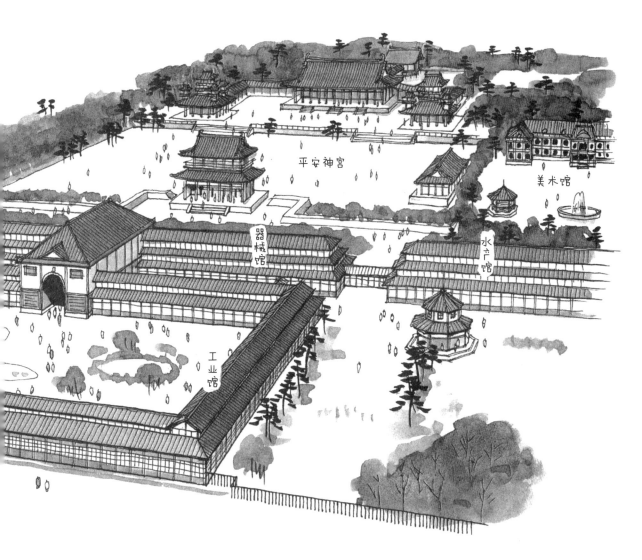

平安神宫

美术馆

器械馆

水产馆

工业馆

最早的京都车站

93

叮叮电车初建成时，延伸到崛川下立卖的轨道

一月三十一日，一列长约 5 米、宽约 1.5 米的小型路面电车从七条车站（京都车站）出发，经过竹田街道，朝南行驶到伏见油挂。通车当天沿途挤满了人，为了防止意外发生电车放慢了速度，光是行驶六公里路程就花了四十分钟。这一天，就是后来一直营运到 1961 年（昭和三十六年）的"叮叮电车"通车首日。

经营路面电车的计划源起于如何有效运用琵琶湖水道发电厂所产生的电力。京都电车出现四年前，东京上野举办的博览会曾经展示过美国制

了博览会开幕的四月，路面电车从七条车站到博览会会场之间的轨道铺设也大功告成。

当时，京都市电车前方会有一名被叫作"告知人"或"先行人"的少年，白天举着旗子、晚上提着灯笼沿途叫喊"电车来了，危险让路"或者"电车来了，要搭乘的请上车"。也拜这罕见的路面电车鼎沸的人气所赐，在博览会召开的一百二十多天里，前来参观的人次多达113.6万，相当于当时京都人口的三倍。

当时刺激京都文化复兴的契机之一，就是举办可自由参加的博览会。1871年（明治四年）的京都博览会还只是展示古物，而从第二年就开始出现了茶宴、艺伎舞蹈大会等项目，让京都成为一个重振艺能的地方。舞蹈的编舞师井上春代所编之舞就是今日"都踊"的前身。

1895年举行国内劝业博览会期间，还举办了纪念平安迁都一千一百年的时代祭大游行。会场所在的冈崎地区建造了工业馆、农林馆、机械馆、水产馆、动物馆、美术馆等，每天人满为患，获得了巨大的成功。当时的动物馆成为日后的京都市立动物园，冈崎一带也以平安神宫为中心，形成了美术馆、图书馆、劝业馆、京都会馆林立的文化公园。

造的电车，来回行驶于长约340米的轨道上，让参观者大为吃惊。京都出现的电车，就是将展示电车实际应用到了现实生活中。

为了将博览会的观众从七条车站载运到位于冈崎的博览会会场，京都市规划兴建了一条从东洞院行驶到寺町、二条通大道的电车路线。之后，这项电车路线计划逐渐扩展到京都市内各地。到

平安神宫

　　自 1892 年（明治二十五年），京都就开始规划纪念平安迁都一千一百年的"千百年祭"，计划在明治二十七年举办桓武天皇千百年祭，同时在京都举行国内劝业博览会。但是由于中日甲午战争的影响，这项计划延后到第二年，平安迁都百年祭被定位为纪念迁都一千一百年的主要活动，平安神宫的建造与时代祭则被规划为纪念活动。

　　京都工商会所的副主席中村荣助，偶然听到造访京都的实业家兼历史学家田口卯吉的一席话，灵光一现号召所有市民参加这项纪念营运计划，建造了平安宫大极殿三分之二的建筑物，并把这座建筑与祭祀桓武天皇的活动作为京都新生的象征。这项活动有一点值得注意，那就是它是一项全国性的活动，中村荣助等人号召了全国人民捐款赞助。1893 年九月，在博览会会场北边动土兴建平安神宫，1895 年建造完成。

　　从十月二十二日

开始，这项大规模纪念祭祀连续举行了三天。二十五日祭祀队伍从京都御所出发游行到平安神宫，这项游行由纪念祭协办会的干事西村舍三提议，他考证了从平安时代到明治维新为止每个时代的"文运（文化演进）与风俗"，将考证成果呈现在游行行列之中，这就是"时代祭"的起源。游行队伍由维新勤皇队（起初定位为山国队）领军，然后依照时代顺序回溯，依序排列着代表各个时代的人物、服装，一起前往神宫参拜。从翌年起，每年十月二十二日迁都平安京的日子就成了举办时代祭的日子，这项活动一直流传到今天。

时代祭的游行队伍

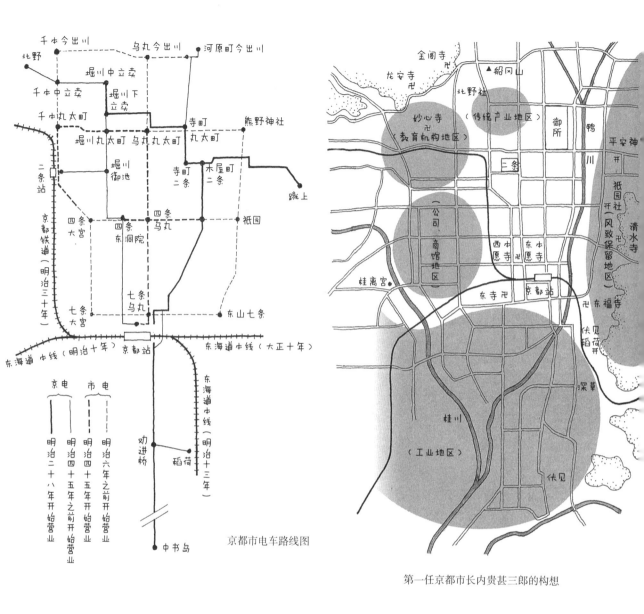

京都市电车路线图

第一任京都市长内贵甚三郎的构想

第三期京都策

第一期京都策以现代化为目标，着重于培育人才，稳固提振产业所需的基础。第二期京都策完成了琵琶湖疏水计划，促进了民间事业的发展。京都借此踏出了历史都市重生的第一步，领先于全日本推动了现代化。从明治中期到大正时期，京都为了进一步推动现代化，完成了发展水利，铺设水道，拓宽道路并铺设电车轨道三大建

设。这些都属于第三期京都策。

1899 年（明治三十二年），建于七条的京都车站与御所借由乌丸通大道连接，第一任京都市长内贵甚三郎将这条乌丸通定位为天皇巡行用的道路，也是现代京都的主要干线。天皇巡行时，御驾会行驶于车道，京都市电车则避开中心线靠路旁行驶。第三期京都策计划将南北向的道路千

本通和川端通拓宽成三线道；东西向道路的御池通、鞍马口通和七条通也加以拓宽，并利用铁路，经二条车站连接到日本海。也就是说，第三期计划预备将东西、南北向街道的拓宽为三线道的主干线。

此外，京都也具体列出了"成为拥有五十万人口以上的百万人口都市"这一目标。京都整体重新规划，东边为自然保留区，北边的西阵是传统产业区，西北为教育机构区，西边为林立公司行号的商业区，南边从伏见、深草到花园一带则是利用宇治川水力发电从事生产的工业区。

这些规划具体则通过三大事业来实现。第一项是拓宽主要道路，铺设电车轨道。第二项是建设琵琶湖第二疏水道，加强电力事业。第三项是从琵琶湖第二疏水道引水供应自来水的水道事业。这三大事业都是内贵市长的构想，继任的西乡菊次郎市长将之定位为"京都市百年基础"，积极付诸行动。

1919年（大正八年），日本政府制定了《都市规划法》与《市区建筑法》。翌年起这两条法律也在京都市推行，在推动京都迈向现代化方面扮演着重要的角色，但是京都人也面临着都市景观该如何保存等课题。

保留至今的蹴上发电厂

同志社大学

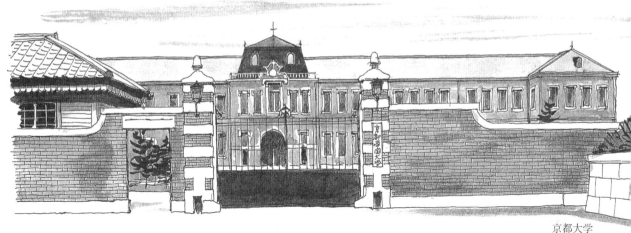

京都大学

大学都市

　　京都是众所皆知的校园城市。虽然京都的大学数量不及东京多，但是学生人口与市民人口的比例，在平成年间也是全国第一。

　　同志社是现代京都大学创办事业的先驱。当时，从美国留学归国的新岛襄原本计划 1874 年（明治七年）在大阪创办大学，却未获得当时的大阪知事的合作。因此，他转而拜访京都府大参事槙村正直与京都府顾问山本觉马二人，请求协助，并获得首肯。在那个大多数人对基督教侧目而视之的时代，新岛襄抱着"培育良心之士"的目标，于翌年十一月在京都御所北侧创立了"官许同志社英学校"，这就是今日"同志社大学"的前身。当时日本只有东京大学一所大学，正式的学制一直到 1886 年（明治十九年）才正式实施。

1884 年，同志社已经筹设了"大学设立发起人会"，山本觉马也名列其中。1888 年，新岛襄发表《同志社大学成立旨意》，同志社正式成为一所私立大学。

1886 年日本发布《大学令》，清楚规定帝国大学、高等中学和普通中学的学制；借此之机，京都也积极表示希望成立第三高等中学。推动第三高等中学成立的活动由京都府知事北垣国道亲自领军，他积极运作，成功地让第三高等中学的地点从大阪改为京都。

第三高等中学建校时的身份只是大学分校，随后在 1894 年改名"第三高等学校"，与东京"一高"并称的"三高"就此诞生。进入设在京都的"三高"后，学生哼着"逍遥歌"[1]《红花开了》，穿着高脚木屐昂首阔步走在京都的大马路上，在这里展现三年青春。这所以自由校风闻名的"三高"，在日后逐渐成长为京都市的一部分。

1896 年国会通过法案，决定在京都成立日本第二所帝国大学，京都帝国大学就此诞生。"京都帝大"的建校用地早已预备好，位于"三高"所在地的吉田村，于 1897 年九月正式开学。第一代校长木下广次对京都帝国大学学生提出的训诫是"大学生应自重、自尊、自主独立"。据说第二所帝国大学之所以设立在京都，是顺应出身京都公卿世家的文部大臣西园寺公望的意思。东京帝国大学以培育国家人才为主，京都帝大则多少有异，衍生出不同的学风至今依然洋溢在校园内。

当时担任京都大学总务长的是中川小十郎，他为了让大学能贴近地方，设计了针对一般庶民的法学课程，由法律

系教授授课。这项规划在 1900 年以夜间的"京都法政学校"形态付诸实现，借用上京区东三本木的餐厅场地开始了第一堂课。后来京都法政学校转型为白天授课的法律专科学校。1905 年，这所法律专科学校承袭了西园寺在自宅开设的私塾名"立命馆"，于 1913 年（大正二年）改制为大学，这就是今天的立命馆大学。

以彰显基督教精神为目标的同志社大学成立后，刺激了佛教界各派系，促使佛教界也纷纷成立佛教学校，如龙谷大学、大谷大学等等。除了维护传统之外，各校更以迈向现代化为目标。除此之外，京都成功地创立全国第二所帝国大学并获得好评，成为一座"学问之都"，这种学风鼎盛的传统又促使多所大学在第二次世界大战后诞生，让京都稳坐校园都市的宝座。不过京都之所以能拥有稳固的大学都市地位，须回溯到明治初年，当时京都人对学问的饱满关心早已撒下了种子。

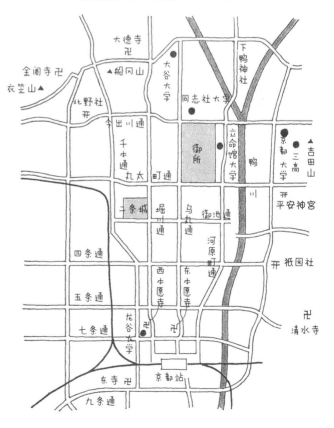

---

1 逍遥歌：专指第三高等中学的宿舍歌。

菜园都市

京都虽是个拥有百万以上人口的大都市，却至今保有悠闲的气氛，这都是拜随处可见的自然景观之赐。京都市区没有工业区，即使到了今天，还是只要稍微远离市中心就能看到农田。而且除了水田外，还有蔬菜与花卉的栽植地。换句话说，京都是个"菜园都市"，这为具有历史意义的京都更添色彩。

19世纪末，英国的霍华德（E. Howard）提出"田园城市"，主张应在大城市的周围设置绿化带，让城市兼具都市与田园的优点，相比之下，

京都可说是一座"菜园都市"，四周环绕着丰富的绿意。

京都在明治时代迈入现代化，推动京都策，致力于成为一个现代工业都市。后来现代工业只在沿海地区发展起来，并未达成当初的目标。但也因此，京都近郊才能免于被工业化波及，至今依然保留着许多农家。

尽管农户数年年递减，但是近年来的统计结果显示，京都市农户数的减少比例较整个京都府还是低了许多。京都市内大部分的农家都栽植

把水菜运到江户去卖并非特例，因为京都的蔬菜自古以来就以质量好闻名。京都蔬菜的种类有京竹笋、圣护院萝卜、堀川牛蒡、贺茂茄子、九条葱、桂瓜等等。每种蔬菜都会冠上京都的地名，在日本全国广为人知。与洛中的纺织品、染织品以及其他手工艺品相比，京都近郊生产的蔬菜在品质上也毫不逊色。例如，桂瓜是腌瓜的原料，属于白瓜的一种，在江户时代的《雍州府志》就提到这么一段："白瓜虽然四处可见，但都比不上加茂（鸭）川东边吉田产的美味。"在奈良渍这类腌渍品中，白瓜是最受好评的材料。说到腌渍，享誉日本全国的京都腌渍品有千枚渍、酸茎渍、柴渍、菜花渍等等。这些都是从江户时代就十分知名、历史悠久的京都腌渍品。

栽种京都农产品时，京都市内的粪肥是很重要的肥料来源。市区内的水肥经由高濑川的船运，或者牛车、马车、人力运送到郊外，同时也将农作物运入京都市内。

京都也积极提升蔬菜与花卉的产量。京都长久以来就是个"菜园都市"，放眼所及都是栽种的蔬菜和花卉，这也有益于维护与保存历史景观。

蔬菜与花卉，由于靠近大规模消费市场的地利优势，让农家能继续仰赖农业生存下去。京都市不仅在近郊有农家存在，而且是著名的传统农作物产地，"京野菜"[1]的名声十分响亮。

从江户时代起，京都的水菜就被运送到江户销售。元禄时代出版的《堀河之水》中就记载着："江户什么都不缺，就是不常见到水菜，通常从年底到春季会从京都运送而来。"

鹿谷南瓜　嵯峨竹笋　九条葱　七条芹菜　堀川牛蒡　水菜　酸茎菜　圣护院芜青　圣护院萝卜　桂瓜　圣护院黄瓜　壬生菜　东寺的蕪菁　贺茂茄子　海老芋

电影产业

1889 年（明治二十二年），美国的爱迪生（Edison）发明了电影摄影机与放映机。后来，法国的卢米埃尔（Lumière）兄弟又开发出电影制作技术。这种现代新媒体吸引了全世界的目光。新鲜的大众艺术——电影，在初传到日本时被称为"活动照片"，与京都有很深的渊源。

日本第一场电影公开放映是在 1897 年（明治三十年）。当时稻畑胜太郎从法国带回拍摄电影的摄影机与胶片，在京都新京极的东向座剧场首度公开播放，随后又在大阪南区的演舞场剧场放映。

明治五年，京都府大参事槙村正直等人在寺町东边的三条到四条开发了新的商业区，并在这个名为"新京极"的新商圈放映电影。当时放映的只是法国骑兵队行进、动物园狮子等内容，是将摄影机固定好角度拍摄出来的影片，但是却出乎意料地深受大众欢迎。

稻畑胜太郎也在东京放映电影，同时请留法时期的友人之弟横田永之助帮忙。横田永之助在 1900 年奉派到巴黎博览会，担任京都府出品委员会的委员，他对放映成绩斐然的电影产业十分关注，在巴黎除了购买最新的电影放映机之外，也签订了影片购买合约。回国以后，他巡回日本各地放映影片，同时成立了一家电影公司"横田商会"，总公司设置在佛光寺麸屋町。横田商会在短短时间之内就成为家喻户晓的公司。

电影产业之所以在短时间就赢得热烈欢迎，乃是由于 1904 年发生了日俄战争。电影院放映随军摄影师拍摄的影片让日本国内充满战胜国的气氛，电影也借此掀起了空前的热潮。在这种环境下，日本诞生了常设型的电影院，第一家开设在东京，京都也从 1908 年开始陆续成立了常设型的电影院。

日本首部剧情片制作于 1907 年。当时东京的吉泽商会率先采用推广新派剧的川上音次郎拍摄的一部电影，京都的横田商会得知此事之后，也委托西阵的千本座剧场的狂言方（舞台监督）牧野省三，制作了一部古装剧电影，与新派作品分庭对抗。牧野省三采用的是歌舞伎演员，接二连三制作了《本能寺合战》《菅原传授手习鉴》等电影，为京都的电影产业奠下基业。牧野省三将焦点放在下乡巡回演出的歌舞伎演员身上，并且培养出日本第一位全国性的大明星，也就是人称"焦点小松"（目玉の松ちゃん）的尾上松之助。他拍摄了一类娱乐性很高的武装时代剧"强百乐"，让电影成为民众的主要娱乐。

1923年（大正十二年）发生的关东大地震，迫使东京的电影人迁移到京都，促使京都除了原来的古装剧影片外，也制作出了涵盖范围更广的电影。到了大正末年，京都聚集了日活、牧野、东亚、阪妻、松竹等制片厂，成为"东洋的好莱坞"，同时也培育出阪东妻三郎、林长二郎（长谷川一夫）、市川右太卫门、岚长三郎（宽寿郎）、大河内传次郎、片冈千惠藏等大明星。这些大明星多活跃于古装电影，而且都是由同一位推手牧野省三栽培。但牧野省三在1929年（昭和四年）引进美国的有声电影后，不幸身故。

从无声电影到有声电影，京都的电影产业更是蓬勃发展。第二次世界大战后，京都电影产业迅速复苏，依然稳坐传统古装剧电影龙头的宝座。不过随着电视机的普及，日本电影整体逐渐沦为夕阳产业，制片厂也一间接一间关闭。今天的京都，只剩下东映的太秦映画村仍可一窥当年的华景。

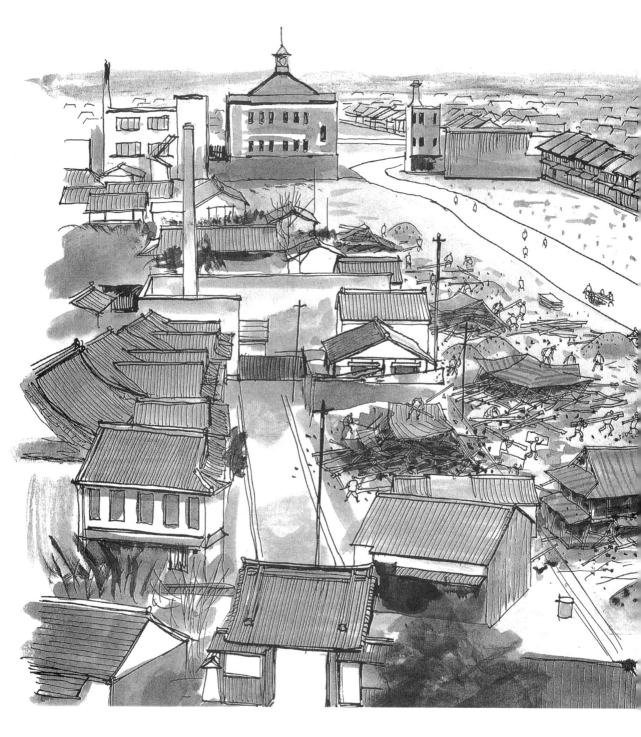

战争与京都

第二次世界大战中，日本多数城市都遭战火波及。在这当中，京都未受到大规模空袭，但是这并不意味着京都就完全避开了战争的灾害。

1945年（昭和二十年），一月十六日夜晚的

东山区马町、六月二十六日早晨的上京区出水山本町都遭受空袭，分别造成41人与50人死亡、44户与292户民家受灾的悲惨伤痕。除此之外，在三月十九日、四月十六日、四月二十二日与五

106

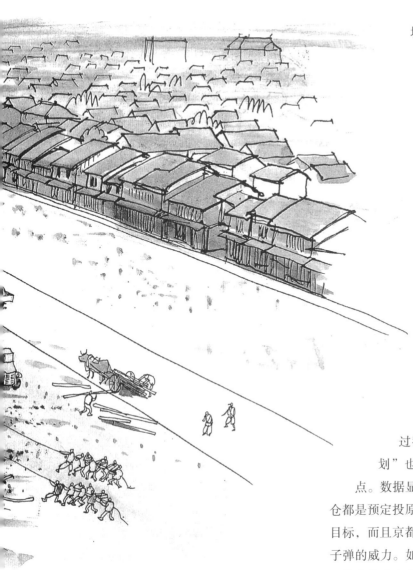

堀川往南 70 米的地区。这些被选入建筑物疏散目标的建筑会被贴上红纸，并在一个星期后由警防团、爱国妇人会和勤劳动员学生来拆毁。据说在当时，负责拆毁建筑的人会用锯子在主要的支撑柱上锯出一条缝，然后套上绳子，以众人力量把柱子硬生生地拉倒。在短短的一两个小时内，房子就会在尘烟漫起中倒塌。在京都市中心有多达 13 000 栋住宅被拆毁，整个京都市就仿如历经战争祸害般一片荒凉。

据说京都之所以能幸免于战争的大规模空袭，主要是因为拥有珍贵的文化资产。不过我们也知道，美国的"曼哈顿计划"也将京都列为投放原子弹的候补地点。数据显示，因为京都与广岛、新潟、小仓都是预定投原子弹的地点，因此才未列入空袭目标，而且京都的面积与地形最适合用来展示原子弹的威力。如果美军要在京都投下原子弹，将以梅小路火车头车库为瞄准焦点，当时若不幸成真，将导致京都 60 万人死伤。幸好最后在日本宣布投降的 8 月 15 日前，京都并未被投掷原子弹，从而幸免于大规模且直接的战争灾害。

京都在战争结束后，首先从建筑物疏散计划中遭拆毁的地区开始着手重建。已拆毁的建筑物并未再度复原，而是利用拆毁腾出的空地建设了道路。目前京都的五条通、御池通、堀川通等贯穿市区的干线道路，就是战争时被列入建筑物疏散计划的地点。

月十一日也都有小规模的空袭。

随着日本本土遭受的空袭日渐严重，日本各地开始积极展开"建筑物疏散计划"，也就是在住宅密集的地区拆毁部分房屋，增加空地以隔离建筑减少灾害。这些空地被用作防止燃烧弹延烧的防火带以及避难所和菜园。在京都地区，最早被列入"建筑物疏散"对象的是御池通从鸭川到

歧路上的京都

未遭受致命性战火伤害的京都，战后确实并未花费太多功夫就完成了重建工作。但京都的危机还在后头。日本在经济高度发展的同时，也积极推动都市的改造与建设计划，京都这个拥有历史性空间环境的城市，也面临开发波涛的冲击。因此，现在常有人说"京都危险了"。

京都人从漫长的历史当中培养出独特的生活方式与智慧，这些都是京都特有的地方文化资产。镇守的森林与寺院的庭园、十字路口的祠堂与田野边的石头佛像、春季与秋季的祭典、盂兰盆节与年底及年中祭事，这些对京都各个地区而言，都是珍贵而无法取代的文化资产。而且京都的历史性景观都是当地居民认真维护建设的结果，是时代的见证，也让每个地区拥有独特的性格。对京都市民而言，不论是地域文化资产还是历史景观，都是伸手即可触摸、可亲近感受的生活的一部分。

但是近年来的开发浪潮，毫不留情地迫近京都各地的地域文化资产与历史景观。地域文化资产不受重视，历史景观遭到忽略，使这些资产不再与人们的生活紧密相连，而被圈限在遥远而难以接触的冷宫中，让有识之士感到非常忧虑。

今日的建筑技术十分发达，建筑规模越来越大，建筑物也越建越高。此外，建筑物也朝地下发展，更多地使用钢筋水泥与钢结构。这些改变淹没了京都长期以来培育的木材文化，以及在过去完成的技术革新与改变。同时，原本居住在京都市中心的居民也逐渐迁移到郊外。京都成了一个夜晚人口稀少的城市，小学生人数减少，许多历史悠久的小学面临并校、废校的命运。再加上高龄化社会的发展，原本负责祭典活动的老人也无力继续经营，小

区的人口结构产生了严重的问题。

像京都这样历史悠久的城市，在保存与开发之间寻找平衡的确十分困难。就像人类的生命长度有限，人类的生活共同体——城市，本身也是一个生命体，或许总有机能衰退、寿终正寝的一天。中东的美索不达米亚文明、南亚的印度河文明，都留下了城市的遗址，清楚地告诉我们城市的寿命终有结束的一天。相反地，也有罗马、巴黎、伊斯坦布尔、西安等世界知名的历史都市，至今依然秉持其城市原有的传统，转型为适合新时代的城市，建构出充满魅力的都市空间。

京都在过去也曾经排除万难，承袭历史城市的传统一路发展。未来我们也必须让京都继续发展下去。我们应该以京都在历史中传承到的先人智慧与努力精神为榜样，在 21 世纪将京都建设为一个拥有坚强生命力的城市。

实现这个梦想最基本的方法，就是把京都区隔为南部与北部。让京都继续与东山、北山、西山三座代表大自然的山岳保持和谐的关系，将包括平安时代以来发展起来的城市北部划为保存开发区，南部则是实验性开发区。北部的开发着重在维护保存，南部则可积极推动实验性开发，让两者的成果相互辉映，相互交流，将京都建设为持续拥有各地区文化资产与历史景观特色的城市。

崛川通大道

历史城市京都的未来样貌

可在原来罗城门的南边重建新罗城门，这里有都市文化研究所、都市文化博物馆，以及世界历史城市会议事务所，是研究历史都市的中心。此外，将崛川通大道规划为新的南北干线，这样就能让拥有历史意义的崛川重生，并且沿着河边设计散步小路，建设东西向街道。在鸟羽，将鸟羽离宫遗址的寝殿造建筑重新复原，在新的"京七口"设立停车场，作为交通转运站。山科寺内町遗址的土居可建设成为散步道路，建成一座遗址公园，同时也可作为紧急状况时的避难公园，充分运用历史城市的特色。

新罗城门

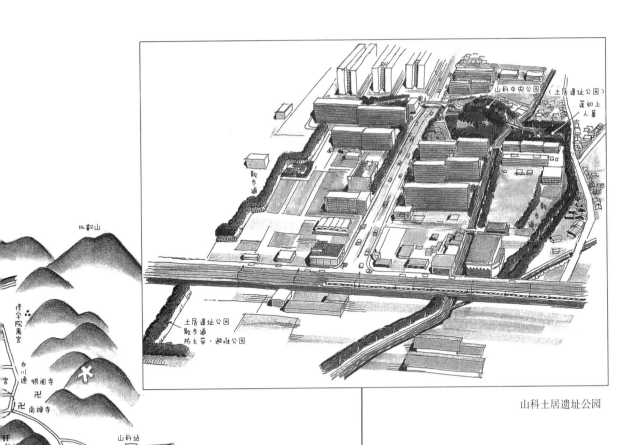

山科土居遗址公园

比叡山

修学院离宫

白川通

银阁寺

宫

卍 南禅寺

开 神社

卍 卍 寺

山科站

复原山科寺内町

卍 东福寺

开 伏见稻荷

京都南交流道

鸟羽口停车场

寝殿造建筑的复原

111

京都的未来

1994 年，京都举办了庆祝建都一千二百年的活动。自从被设立为平安京以来，京都就屡屡以不屈不挠的姿态渡过重重难关，因此，这的确是值得纪念的一年。回顾漫长的历史，出生于京都的先人在时代的流传中，也不断积极推动各种城市建设的实验。

进入现代，日本的城市遭受了地震、战争、火灾等大规模灾害。近年来，各种大规模的再开发改变了各地都市的样貌，虽然提高了城市的便利度，但也导致城市丧失其特有的个性，只留下单调的景观。因此，京都、奈良等拥有独特传统和历史的都市更加受到关注，这些关心不仅来自日本人，而且来自关注日本文化和亚洲文化的外国人。

1987 年，在京都的倡议下，来自全球 24 个国家的 25 个历史城市共同举行了"世界历史都市会议"。参加的城市有雅典、罗马、巴黎、伊斯坦布尔、亚历山大、巴特那、加德满都、西安、庆州和开城等等，各个历史都市的代表在京都齐聚一堂。在"21 世纪融合传统与创生的理想都市"这一目标下，各城市的代表讨论着历史城市所面临的诸项课题。会议讨论的话题涵盖城市规划、文化遗产、都市产业等领域，大家一起研究在急速发展当中，该如何保存、挽救遭到破坏的文化遗产。各个历史城市的代表也相互约定，要加深对本国都市文化的认识，运用原有的城市活力，重新追求另一次起飞。

京都身为历史都市，为了能在 21 世纪展翅高飞、推动举行世界历史都市会议，必须设置专责研究都市文化理想的研究机构与都市文化研究所。今天都市生活已成为人类主要的居住形态，在世界各地都可见到人类的生活模式从过去的村落形态产生大幅改变。因此，我们必须重新追究都市文化的意义，解决都市文化的矛盾，探究都市文化的理想样貌。这也是相关研究机构设立的主要目的。首先我们必须研究京都城市化的足迹，重新评量京都的社会与文化层面，研究该如何利用过去累积的能量，创造新的城市。然后与世界各地的历史城市比较，确认各个城市的历史与个性，以作为创造新城市文化的参考。此外，世界各地的历史性城市也必须交流信息，合力解决目前所面临的课题。这些都是负责营运世界历史都市会议的事务局所应善尽的责任。同时我们也应设立都市博物馆，展示都市文化研究所的研究成果。在我们与过去对话的同时，希望也能共同讨论城市未来的愿景。

日本的信息与金融功能都汇集在首都东京。各地的城市在看到东京所推动的巨型开发计划时，难免会被迷惑，进而学习东京的负面做法，导致自己的城市失去个性，变成一座又一座小东京。历史城市京都应该逆势发展，抬头挺胸，秉持特有的历史环境要素来发展自己的城市建设。这么一来，也能鼓励各个地方都市发挥自己的传统与个性，建立自己的城市。这种努力将为仰慕京都文化、日本文化、亚洲文化的人们带来希望。京都在未来，应该站在日本与全球历史城市的立场上，扮演好信息中心的角色。

参考文献

总论

京都市参事会·汤本文彦等,《平安通志》（平安通志）,1895（1977,新人物往来社）

《京都的历史一～十》》（京都の歴史一——一〇）,1968—76,学艺书林

《史料·京都的历史一～十六》》（史料 京都の歴史一——一六）,1979—94,平凡社

《京都大事典》（京都大事典）,1984,淡交社

《京都府地名大辞典（上、下）》（京都府地名大辞典［上］［下］）,1982,角川书店

《日本历史地名大系二十七——京都市地名》（日本歴史地名大系二七 京都市の地名）,1979,平凡社

《京都市姓氏历史人物大辞典》（京都市姓氏歴史人物大辞典）,1998,角川书店

藤田元春《都市研究——平安京变迁史》（都市研究 平安京変遷史）,1930,ズズカケ出版部（1976,日本资料刊行会）

鱼澄惣五郎,《京都史话》（京都史話）,1936（1981,西田书店）

西田直二郎,《京都史迹研究》（京都史蹟の研究）,1961,吉川弘文馆

同志社大学人文科学研究所编,《京都社会史研究》（京都社会史研究）,1971,法律文化社

《京都庶民生活史》（京都庶民生活史）,1973,京都信用金库（再版为《①从京童到町众》[①京童から町衆へ]、《②从町众到市民》[②町衆から市民へ]、《③古都的近代百年》[③古都の近代百年],1974,讲谈社现代新书）

本庄荣治郎,《京都》（京都）,1961,至文堂

林屋辰三郎,《京都》（京都）,1962,岩波新书

村井康彦,《京都史迹见学》（京都史蹟見

学）,1982,岩波书局

林屋辰三郎等,《京都——历史与文化①政治·商业②宗教·民众②文化·活动》（京都 歴史と文化①政治·商業②宗教·民衆②文化·行事）,1994,平凡社

森谷尅久等,《京都的大路小路（正）（续）》（京都の大路小路［正］［続］）,1994,淡交社

足利健亮编,《京都历史地图》（京都歴史アトラス）,1994,中央公论社

竹村俊则,《新撰京都名所图会》（新撰京都名所図会）,1985—65,白川书院

林屋辰三郎、川岛将生、镰田道隆《京都之道·历史与民众》（京の道·歴史と民衆）,1974,创元社

森谷尅久、山田光二,《京都的河川》（京の川）,1980,角川书店

赤井达郎,《京都的艺术与艺能》（京の美術と芸能）,1990,京都新闻社

仲尾宏,《京都的渡来文化》（京都の渡来文化）,1990,淡交社

森谷尅久、井上满郎,《平安京千二百年》（平安京千二百年）,1994,淡交社

古代部分

村山修一,《平安京——公家贵族的生活与文化》（平安京——公家貴族の生活と文化）,1957,至文堂

福山敏男,《大极殿的研究》（大極殿の研究）,1955,平安神宫

角田文卫编,《平安京提要》（平安京提要）,1994,角川书店

井上满郎,《研究史——平安京》（研究史平安京）,1978,吉川弘文馆

堀内明博，《挖掘古都》（ミヤコを掘る），1995，淡交社

近藤乔一，《从瓦看平安京》（瓦からみた平安京），1985，教育社

杉山信三，《复活的平安京》（よみがえった平安京），1993，人文书院

村井康彦，《古代国家解体过程研究》（古代国家解体過程の研究）1965，岩波书店

笹山晴生编，《思考古代·平安之都》（古代を考える·平安の都），1991，吉川弘文馆

村井康彦，《平安京年代记》（平安京年代記），1997，京都新闻社

角田文卫，《平安京散步》（平安京散策），1991，京都新闻社

井上满郎，《京都——跃动的古代》（京都——躍動する古代），1981，ミネルヴァ书房

井上满郎，《平安京的风景》（平安京の風景），1994，文英社

中世部分

林屋辰三郎，《中世文化的基调》（中世文化の基調），1953，东京大学出版会

林屋辰三郎，《中世艺能史研究》（中世芸能史の研究），1960，岩波书店

林屋辰三郎，《日本——历史与文化（上）（下）》（日本　歴史と文化［上］［下］），1966、1967，平凡社

林屋辰三郎，《町众——京都"市民"形成史》（町衆——京都における「市民」形成史），1964，中央公论社

胁田晴子，《日本中世都市论》（京都中世都市論），1981，东京大学出版会

村山修一，《日本都市生活源流》（日本都市生活の源流），1953，关书院

西川幸治，《日本都市史研究》（日本都市史研究），1972，日本放送出版协会

今谷明，《战国时代的室町幕府》（戦国期の室町幕府），1975，角川书店

今谷明，《京都·一五四七》（京都·一五四七），1988，平凡社

今谷明，《天文·法华之乱》（天文法華の乱），1989，平凡社

京都町触研究会编，《京都町触研究》（京都町触の研究），1996，岩波书店

秋山国三、仲村研，《京都"町"研究》（京都「町」の研究），1975，法政大学出版局

高桥康夫，《京都中世都市史研究》（京都中世都市史研究），1983，思文阁出版

高桥康夫，《洛中洛外》（洛中洛外），1988，平凡社

川岛将生，《町众之街——京》（町衆のまち京），1976，柳原书店

川岛将生，《中世京都文化周缘》（中世京都文化の周縁），1992，思文阁出版

村井康彦，《朝向小京都》（小京都へ），1975，平凡社

小泽弘、川岛将生，《图说洛中洛外图屏风》（図説　洛中洛外図屏風を見る），1994，河出书房新社

佐藤和彦、下坂守，《图说京都文艺复兴》（図説　京都ルネサンス），1994，河出书房新社

村井康彦、武田恒夫编，《有趣的花之京都——洛中洛外图的时代》（おもしろの花の京——洛中洛外図の時代），1993，日本放送出版协会

近世部分

林屋辰三郎，《角仓了以与其子》（角倉了以とその子），1944，星野书房

林屋辰三郎，《角仓素庵》（角倉素庵），

1978，朝日新闻社

秋山国三，《近世京都町组发展史》（近世京都町组発達史），1980，法政大学出版局

正木笃三，《本阿弥行状记与光悦》（本阿弥行状记と光悦），1965，中央公论美术出版

芳贺幸四郎，《近世文化的形成与传统》（近世文化の形成と伝統），1948，河出书房

森谷尅久，《上洛》（上洛），1979，角川书房

镰田道隆，《近世都市·京都》（近世都市·京都），1976，角川书房

镰田道隆，《京都·花之乡村》（京·花の田舍），1977，柳原书店

守屋毅，《京都的艺能》（京の芸能），1979，中央公论社

守屋毅，《京都的町人——近世都市生活史》（京の町人　近世都市生活史），1980，教育社

《江户时代图志·京都(1)(2)》（江戸時代図誌　京都〔1〕〔2〕），1975、1976，筑摩书房

宗政五十绪，《阅读京都名所图绘》（都名所図会を読む），1997，东京堂出版

宗政五十绪、西野由纪，《京都名所图绘·图解导览》（京都名所図会　絵解き案内），1997，小学馆

高桥美智子，《杏奈的南瓜——京都四季儿歌》（あんなのかぼちゃ——四季の京わらべ歌），1981，京都新闻社

近代部分

京都商工会议所百年史编集委，《京都经济百年史》（京都経済の百年），1982

京都市建设局，《建设行政的步伐——京都市建设局小史》（建設行政のあゆみ——京都建設局小史），1983

京都市水道局，《琵琶湖疏水百年史》（琵琶湖疏水の一〇〇年），1990

京都市文化观光局，《京都市的文化遗产》（京都市の文化財），1992

京都市商工局，《京都的传统产业》（京都の伝統産業），1962

寺尾宏二，《明治初期京都经济史》（明治初期京都経済史），1943，大雅堂

辻美知子《町组与小学》（町组と小学校），1977，角川书店

吉田守男，《在京都投下原子弹——华纳传说的真实性》（京都に原爆を投下せよ——ウォーナー伝説の真実），1995，角川书店

保存修景计划研究会、西川幸治编，《历史的街道·京都篇》（歴史の町なみ　京都篇），1979，日本放送出版协会

上田笃、土屋敦夫编，《町家——共同研究》（町家——共同研究），1975，鹿岛出版社

（有关京都的书籍众多，此处以容易取得的资料为优先。）

文景

社 科 新 知　文 艺 新 潮

Horizon

京都千二百年

［日］西川幸治　高桥彻 著　［日］穗积和夫 绘

高嘉莲　黄怡筠 译

出 品 人：姚映然
策划编辑：熊霁明
责任编辑：熊霁明
营销编辑：高晓倩
装帧设计：肖晋兴

出　　品：北京世纪文景文化传播有限责任公司
　　　　　（北京朝阳区东土城路8号林达大厦A座4A 100013）
出版发行：上海人民出版社
印　　刷：山东临沂新华印刷物流集团有限责任公司
制　　版：壹原视觉

开 本：787mm×1092mm　1／16
印 张：14.25　　字 数：144,000
2022年6月第1版　　2022年6月第1次印刷
定 价：108.00元
ISBN：978−7−208−17671−3／TU.25

图书在版编目（CIP）数据

京都千二百年 /（日）西川幸治,（日）高桥彻著；
（日）穗积和夫绘；高嘉莲, 黄怡筠译. −− 上海：上海
人民出版社, 2022
　　ISBN 978-7-208-17671-3

Ⅰ. ①京… Ⅱ. ①西… ②高… ③穗… ④高… ⑤黄
… Ⅲ. ①古城 − 建筑艺术 − 日本 Ⅳ. ①TU-863.13

中国版本图书馆CIP数据核字(2022)第066775号

本书如有印装错误，请致电本社更换　010-52187586

京都相关事件年表

	公历	和历	大事记
安土、桃山时代	1573	天正元年	（元龟四年）四月织田信长进京，放火烧京都。七月室町幕府灭亡。
	1574	天正二年	六月织田信长将狩野永德作品《洛中洛外图屏风》致赠给上杉谦信。
	1576	天正四年	四月织田信长攻打石山本愿寺。
	1582	天正十年	六月本能寺之变，织田信长自杀。
	1585	天正十三年	七月丰臣秀吉就任关白，并开始在山城丈量土地、计算农产量。
	1588	天正十六年	四月后阳成天皇巡幸前一年九月刚完成的聚乐第。丰臣秀吉对各国下达禁止农民持有武器的"刀狩令"。
	1590	天正十八年	一月建造三条大桥。
	1591	天正十九年	一月京都周围围起土居，将对外交通的出入口限定在"七口"。从天正十八年起也着手町区规划。
	1594	文禄三年	八月完成第一座伏见城。
	1595	文禄四年	七月丰臣秀次自杀。聚乐第遭拆毁。
	1598	庆长三年	三月丰臣秀吉举办醍醐赏花大会。
	1600	庆长五年	八月伏见城遭西军包围，大火焚烧。九月关原之战。十月石田三成等在六条河原被斩首。
	1602	庆长七年	二月教如创立东本愿寺（东西本愿寺分立）。五月着手营建二条城；为此，原位于二条柳町的游里迁移到六条。六月修筑伏见城。
江户时代	1603	庆长八年	二月德川家康在江户建立幕府。四月出云阿国在京都开启歌舞伎序幕。
	1604	庆长九年	五月建立"丝证件制"。八月丰国社的临时大祭让京都街市热闹非凡。
	1606	庆长十一年	八月角仓了以挖掘保津川，以舟楫运送丹波的木材。
	1611	庆长十六年	十一月角仓了以开挖高濑川（三年后完成）。
	1614	庆长十九年	七月发生方广寺大佛殿钟铭事件。十月大阪冬之阵。
	1615	元和元年	（庆长二十年）四月大阪夏之阵。五月丰臣氏灭亡。七月德川家康赐鹰之峰土地给本阿弥光悦。桂离宫也开始兴建。
	1623	元和九年	松平定纲奉命兴建新的淀城。
	1626	宽永三年	九月后水尾天皇巡幸二条城。
	1634	宽永十一年	七月德川家光将军上京都，发给京中居民银5000贯。
	1637	宽永十四年	十月发生岛原之乱。
	1640	宽永十七年	七月六条柳町的游郭迁移到朱雀野（岛原游郭）。
	1655	明历元年	此时开始兴建修学院离宫。
	1668	宽文八年	七月设置京都町奉行。
	1685	贞享二年	《京羽二重》刊行。
	1694	元禄七年	四月贺茂祭（葵祭）重启。
	1705	宝永二年	三月伊藤仁斋过世，享年七十九岁。
	1708	宝永五年	三月京都发生宝永大火。
	1713	正德三年	五月幕府奖励西阵采用日本丝。
	1730	享保十五年	六月西阵发生大火，纺织机烧毁约3000台。
	1744	延享元年	九月石田梅岩过世，享年六十岁。
	1750	宽延三年	八月二条城天守阁遭雷击失火。
	1780	安永九年	《都名所图会》出版。
	1783	天明三年	发生天明大饥馑。
	1788	天明八年	一月京都发生大火，延烧至御所，住宅烧毁3600户。
	1796	宽政八年	规划贯穿大文字山，达鹿之谷如意瀑布的疏水计划。
	1805	文化二年	从京都到大津东海道铺设石子车道。
	1837	天保八年	二月大盐平八郎之乱。
	1841	天保十二年	十二月规划从三井寺一带挖掘隧道，连结琵琶湖与南禅寺疏水计划。
	1853	嘉永六年	六月佩里的黑船航抵浦贺。
	1854	安政元年	（嘉永七年）四月京都大火。彦根藩负责京都警备。
	1858	安政五年	九月安政大狱开始。
	1860	万延元年	（安政七年）三月樱田门外之变。
	1861	文久元年	（万延二年）十月皇女和宫前往江户。
	1862	文久二年	四月伏见发生寺田屋事件。闰八月松平容保受命担任京都守护职。一月中川久昭提出在京都、琵琶湖间兴建运河的构想。
	1863	文久三年	一月德川庆喜入京。三月德川家茂将军入二条城。八月七位公卿被逐出京都。
	1864	元治元年	六月三条小桥发生池田屋事件。七月蛤御门之变（咚咚火灾）。
	1866	庆应二年	十二月德川庆喜成为将军。孝明天皇过世，享年三十六岁。

	公历	和历	大事记
江户时代	1867	庆应三年	在京都、大阪发起聚众骚动之群众运动。十月大政奉还,十一月坂本龙马、中冈慎太郎遭暗杀。十二月发布恢复君主制"王政复古大号令"。
明治时代	1868	明治元年	(庆应四年)一月鸟羽·伏见之战。三月京都市中取缔所改名京都裁判所。四月京都裁判所隶属京都府厅管辖。九月天皇巡幸东京(改元明治)。
	1869	明治二年	三月天皇二度东巡。五月创设柳池校(第一所小学)。一年内京都市内成立六十多所小学。六月版籍奉还(诸大名将领地版图与领民户籍归还中央政府)。九月市民要求皇后终止东京行计划。
	1870	明治三年	十二月设置理化研究机构舍密局。
	1871	明治四年	二月开设劝业场。四月开设西京邮便役所。东京、京都、大阪之间开始展开邮政业务。七月废藩置县。十月在西本愿寺举办第一届博览会。
	1872	明治五年	三月举办第一届京都博览会。四月设立女红场。五月开设集书院。
	1874	明治七年	三月建造四条大桥。
	1875	明治八年	十一月创立同志社英学校。
	1876	明治九年	九月铺设京都(大宫暂设停车场)与大阪间铁道。
	1877	明治十年	二月七条车站竣工(最早的京都车站)。京都、神户间通车。
	1879	明治十二年	三月举行第一届京都府议会。四月创立京都府中学。
	1880	明治十三年	七月京都、大津间铁路通车。
	1885	明治十八年	六月琵琶湖疏水道破土典礼。
	1889	明治二十二年	四月京都实施市制。
	1890	明治二十三年	四月疏水道完成,举行竣工典礼。
	1891	明治二十四年	十一月蹴上发电厂开始输电。
	1895	明治二十八年	一月七条停车场、伏见之间日本首次兴建的路面电车通车。三月平安神宫完成。四月举办第四届国内劝业博览会。十月迁都平安1100纪念活动,举办第一届时代祭。
	1896	明治二十九年	四月京都与奈良间的奈良铁道通车。
	1897	明治三十年	二月在新京极首度举行电影放映会。五月京都帝国博物馆开馆(后改为京都园立博物馆)。六月京都帝国大学创校。
	1898	明治三十一年	十月京都施行一般市政。京都市役所开办。
	1900	明治三十三年	京都法政学校(后改为立命馆大学)创立。
	1908	明治四十一年	十月京都着手三大事业计划(第二疏水、上水道、道路拓宽与电车轨道)。
	1910	明治四十三年	三月岚山与四条大宫间的岚电通车。四月京都与大阪间的京阪电铁通车。
	1911	明治四十四年	四月四条大桥竣工。
大正时代	1912	大正元年	(明治四十五年)四月琵琶湖第二疏水完成。蹴上净水场开始运作。
	1915	大正四年	十一月大正天皇登基典礼在京都举行。
	1920	大正九年	六月濑川航运废止。
昭和时代	1928	昭和三年	五月京都市公交车开始运行。九月举办大礼纪念京都大博览会。在举办御大礼时,乌丸通、丸太町通、河原町通完成道路铺设。十一月昭和天皇登基典礼。
	1932	昭和七年	四月日本首条无轨电车通车。六月京都放送局开播。
	1933	昭和八年	二月山阴线开始营运。
	1935	昭和十年	六月暴雨导致鸭川泛滥。
	1941	昭和十六年	十一月巨椋池排水开垦工程完成。十二月太平洋战争爆发。
	1943	昭和十八年	十月建筑物疏散计划开始。祇园祭山鉾游行中止。
	1944	昭和十九年	八月东西本愿寺指示所属寺院协助学童疏散计划。
	1945	昭和二十年	八月战争结束。九月指定舞鹤为撤回港。
	1946	昭和二十一年	八月大文字送火活动恢复举行。隔年祇园祭也恢复举办(只有长刀鉾)。
	1951	昭和二十六年	七月祇园祭恢复战前样貌。
	1955	昭和三十年	十月重建昭和二十五年(1950)烧毁的金阁寺。
	1966	昭和四十一年	五月国立京都国际会馆完工。
	1981	昭和五十六年	五月地下铁乌丸线通车(京都市电车于三年前全部废除)。
	1987	昭和六十二年	十一月第一届世界历史都市会议在京都举行。
平成时代	1994	平成六年	六月举办建都1200年纪念活动。举办第四届世界历史都市会议。